面向"十三五"高等职业教育专业核心课程规划教材·信息大类

电子产品生产工艺与管理

主　编　宋坚波
副主编　苏安辉
参　编　毛琳波　雷　霞

西安交通大学出版社
XI'AN JIAOTONG UNIVERSITY PRESS

内容简介

本教材按照工作过程系统化思想,以电子产品生产流程为依据,以真实的产品为载体,以各个生产环节作为学习任务,实现了项目和任务的系统化要求,教材内容有两条主线,一条是以产品生产过程为主线,主要培养基本操作技能以及生产工艺知识,另一条是以产品生产过程各个环节所需要的生产组织和工艺管理为主线,突出生产组织和工艺管理的知识和能力的学习和训练。全书共分六个项目,主要内容包括电子元器件的检测与分类、物料处理加工、电子产品装配、电子产品调试、电子产品检验及电子产品包装入库等六个学习项目。

本教材取材丰富,结构新颖,图文并茂,通俗易懂,符合"做中学"、"学中做"的现代职业教育特点,可供高等职业院校电子信息技术、通信技术、电气工程、电气自动化等专业的学生使用,也可作为实践指导教师和从事电子技术工作的工程技术人员的参考用书。

图书在版编目(CIP)数据

电子产品生产工艺与管理/宋坚波主编. —西安:
西安交通大学出版社,2016.1(2023.5 重印)
ISBN 978 - 7 - 5605 - 8245 - 0

Ⅰ. ①电… Ⅱ. ①宋… Ⅲ. ①电子产品-生产工艺-高等学校-教材②电子产品-生产管理-高等学校-教材 Ⅳ. ①TN05

中国版本图书馆 CIP 数据核字(2016)第 012022 号

书 名	电子产品生产工艺与管理
主 编	宋坚波
责任编辑	李 佳 雷萧屹
出版发行	西安交通大学出版社
	(西安市兴庆南路 1 号 邮政编码 710048)
网 址	http://www.xjtupress.com
电 话	(029)82668357 82667874(市场营销中心)
	(029)82668315(总编办)
传 真	(029)82668280
印 刷	西安日报社印务中心
开 本	787mm×1092mm 1/16 印张 10.125 字数 244 千字
版次印次	2016 年 6 月第 1 版 2023 年 5 月第 9 次印刷
书 号	ISBN 978 - 7 - 5605 - 8245 - 0
定 价	28.80 元

前　言

近年来,我国高等职业教育蓬勃发展,职业教育改革不断深入,各级政府号召各高职院校大力推行工学结合、校企合作的具有现代职业教育特点的人才培养模式改革,全面提高教学质量,培养大批高素质技术技能应用型人才,为地方经济和社会发展服务。

编者结合现代职业教育特点和多年从事电子产品生产工艺教学实践,本着以理论够用为原则,注重培养学生实践基本技能与职业素养为目的,按照任务驱动、项目导向、教学为一体化的设计思想编写本教材,旨在使学生掌握电子产品生产工艺与品质管理等方面的基础知识,具备电子产品生产和工艺管理所需的相关技能与素质。

本教材具有以下特点:

1.以典型工作任务及其工作过程为依据整合、序化教材内容,科学设计学习性工作任务,教学做结合,做到教材内容模块化,实践教学项目化。以电子产品生产流程为依据,以真实的产品为载体,以各个生产环节作为学习任务,实现了项目和任务的系统化要求。

2.反映新知识、新技术、新工艺、新方法。既有传统电子工艺方面的内容,又有 SMT、电子电路 CAD 等方面的工艺知识,以达到反映新知识新工艺的目的。

3.体现工作过程系统化思想,以电子产品生产流程组织内容和训练,突出技能训练,注重职业素质的培养,能使学生的综合素质得到明显提高。

4.项目载体选择灵活,可选择典型电子产品作为教材训练项目,解决教师教材校本化问题。

本教材建议安排学时数为 51～68 学时,使用者可根据自身办学条件及设备配置情况灵活选取。

本教材由宋坚波担任主编,苏安辉担任副主编,毛琳波,雷霞参编。全书由宋坚波负责最后统稿和定稿工作。

本教材在编写过程中,参考了大量国内学者的教学成果和网络资源,同时也得到了宁波城市职业技术学院任国灿教授和潘世华副教授的悉心指导,并提出了许多宝贵意见和建议。在此一并致以诚挚感谢。

由于现代电子工艺技术发展迅猛,加上编者水平有限,编写时间仓促,书中难免出现不当之处,恳请读者批评与指正。

编　者
2015 年 10 月

目录

项目一　电子元器件检验和分类

项目要求

通过各种电子元器件的识别和检测,让学生能够熟练地选用和检测各类电子元器件并进行发放,学会编制相关电子工艺文件,掌握安全文明生产和生产工艺的基本知识。

学习目标

技能目标

1.学会各种常用电子元器件的检测方法。

2.能对电子元器件进行准确分类。

3.会准确使用检测仪器设备和工具对元器件进行检测。

4.学会编制相关电子工艺文件。

知识目标

1.掌握电子工艺的基本知识。

2.掌握安全文明生产知识和要求。

3.掌握元器件的性能、参数、指标的意义。

4.了解各种元器件检测原理。

素质目标

1.初步树立电子产品工艺管理和质量意识。

2.初步养成安全文明生产的意识。

3.养成细心、踏实工作的态度。

4.培养设备使用的安全和规范意识。

5.培养团队合作的工作意识。

6.善于利用各种途径获取有用信息。

任务 1-1　电子工艺和安全文明生产知识教育

任务描述

根据多媒体和视频材料介绍的电子工艺管理和安全文明生产基本知识,通过讨论、调查、收集,树立正确的电子工艺思想,逐步养成安全文明生产的职业习惯。

任务相关知识

知识一　电子工艺的基本概念

一、工艺管理的概念

电子工艺技术是生产者利用设备和生产工具,对各种原材料、半成品进行加工或处理,使之最后成为产品的工序、方法或技术。

企业的工艺管理是指在一定的生产方式和条件下,按一定的原则、程序和方法,科学地计划、组织、协调和控制各项工艺工作的全过程;是保证整个生产过程严格按工艺文件进行活动的管理科学。工艺管理涉及产品的开发、产品的试制、生产管理、技术改造与推广、安全管理以及全面质量管理等多方面。

二、工艺管理的内容

(1)编制研发新工艺技术

编制工艺发展计划,研究和开发新的工艺技术。这是提高企业的工艺水平和产品质量的重要途径。

(2)产品生产的工艺准备

准备的主要内容有:

①新产品开发和老产品改进的工艺调研和考察。

②产品设计的工艺性审查。

③设计和编制标准化的工艺文件。

④工艺方案的设计。

⑤工艺装备的设计与管理。

⑥进行工艺质量评审、工艺验收、工艺总结和工艺整顿。

(3)生产现场的工艺管理

包括:现场人员、设备、物料等按要求定位;生产工具和设备摆放有序;流水线体及工作场所清洁整齐等。

(4)工艺纪律的管理

严格工艺纪律是建立企业正常工作秩序的保证。

(5)生产管理

包括:按工艺要求合理安排工序计划,加强生产准备和调度工作,为实现均衡生产提供物质保证。

(6)质量管理

做好各项质量检查资料的收集、改进和质量监督工作。

(7)开展工艺情报的收集、研究和开发工作。

(8)工艺成果的申报、评定和奖励

(9)开展工艺标准化工作

三、工艺管理的意义

产品质量差、市场竞争力不强,一直是困扰我国经济发展的一个严重问题。事实上,造成这种现象并非我国的产品设计水平有限,而是由于生产手段及生产过程存在问题,具体表现在工艺技术和工艺管理水平上存在不足。

为改变这种情况,必须全面加速采用国际标准,推行 ISO 9000 质量管理和质量保证体系标准系列,开展电子产品制造工艺的深入研究,加强工艺管理的学习探讨,引入有利于我国企业发展的管理机制,使我国的产品质量达到国际先进水平。

国家技术监督局于 1992 年 10 月决定,在我国等同采用 ISO 9000 质量管理和质量保证国际标准系列(GB/T 19000)。贯彻并推广 GB/T 19000,这对企业提高质量管理水平,增加产品的竞争能力,使我国电子工业工艺工作与国际接轨、走向世界新的起点,都具有十分重要的意义。

四、电子工艺的发展状况

1. 电子产品生产领域

随着电子技术的发展,电子设备正广泛地应用于人类生活的各个领域。按用途可分为通信、广播、电视、导航、无线电定位、自动控制、遥控遥测和计算机技术等方面的设备。随着电子设备的使用范围越来越广,使用条件越来越复杂,质量要求越来越高,因此对电子产品结构的要求也越来越高。

2. 电子工艺的特点

电子工艺学是在电子产品设计和生产中起着重要作用的,并且曾经不受重视的工程技术学科。随着信息时代的到来,人们认识到,没有先进的电子工艺就不能制造出高水平、高性能的电子产品。近年来,我国许多高等院校相继开设了电子工艺课程。作为与生产实际密切相关的技术学科,电子工艺学有着自己明显的特点,归纳起来主要有以下几点:

(1)涉及众多科学技术领域

电子工艺学与众多的科学技术领域相关联,其中最主要的有应用物理学、化学工程技术、光刻工艺学、电气电子工程学、机械工程学、金属学、焊接学、工程热力学、材料科学、微电子学、计算机科学、工业设计学、人机工程学等。除此之外,还涉及数理统计学、运筹学、系统工程学、会计学等与企业管理有关的众多学科。这是一门综合性很强的技术学科。

电子工艺学的技术信息分散在广阔的领域中,与其他学科的知识相互交叉、相辅相成,成为技术关键(know how)密集的学科,所以,对电子工程技术人员的知识面、实践能力的要求比较高,即他应该是通常所说的复合型人才。

20 世纪 90 年代以来,以计算机、通信和消费类电子产品为代表的信息技术产业迅猛发展,无论是为社会进步所发挥的巨大技术作用,还是创造的产值、利润,以及所提供的劳动力就业机会,都使它成为国民经济的支柱性产业,引发了我国产品结构、产业结构和经济结构的巨大变化。并且,随着经济一体化的进程,被称为 OEM 的生产方式已经成为电子产品加工的重要模式之一。

按照传统的领域划分,IT 产品技术可以分属于不同的专业,如计算机、通信、无线电、机械制造、自动控制、家用电器、自动化仪表、电子测量等，但从市场经济要求新技术商品化和产品化的角度看，上述不同专业的设计成果都必须历经生产过程才能转化为经济效益和社会效益，而新的元器件、新的材料、新的制造设备、新的生产手段、新的产品质量理念、新的生产管理模式的发展，要求制造技术和生产过程本身具有特别的性质：一方面，它不仅仅隶属于某一个技术专业，上述所有专业的最终产品的生产方式都大同小异，可以算是各专业的"通用技术"；另一方面，它所涉的知识内容极多，足以构成一个独立的专业领域，因而成为社会需求量很大的"专业技术"。

可以说，电子工艺技术人才是"通才"，产品制造过程所涉及的工艺问题要求他具有广博的知识面和很好的文化基础，要求他对新的理论、新的方法、新的材料、新的设备有良好的感悟性，能够很快地理解、学习、掌握新的技术和知识；又可以说，电子工艺技术人才是"专才"，产品制造过程所涉及的工艺问题很难通过学校的教育环境准确实践、完全理解，他只能从对本书的学习中获得基本的知识和理念，认真参加学校组织的电子工程实训，然后在企业中不断学习、不断积累、不断总结，通过长时间的实际工作把自己锻炼成为电子产品制造的工艺专家。

(2)形成时间较晚而发展迅速

电子工艺技术虽然在生产实践中一直被广泛应用，但在国内作为一门学科而被系统研究的时间却不长。系统论述电子工艺的书刊资料不多，直到 20 世纪 70 年代后期，第一本系统论述电子工艺技术的书籍才面世，20 世纪 80 年代在高等工科院校中才开设相关课程。随着电子科学技术的飞速发展，对电子工艺学也提出了越来越高的要求，人们在实践中不断探索新的工艺方法，寻找新的工艺材料，使电子工艺学的内涵及外延迅速扩展。可以说，电子工艺学是一门充满蓬勃生机的技术学科。

与其他行业相比，电子产品制造工艺技术的更新要快得多。经常有这样的情况发生：某项新的工艺方法还未能全面推广普及，就已经被更先进的技术所取代。

电子工艺学的概念贯穿于电子产品的设计与制造全过程，与生产实践紧密相连。或许，某些研究方法学的专家有很强的科研能力，但假如他与实际生产环节的距离较远，就很难发现问题的核心所在，进一步的总结分析也无从谈起。所以，在高等工科院校开设的电子工艺课程中，实践环节是极其重要的，是相关专业能否培养出合格的工程技术人才的关键。

当今的世界已进入知识经济的时代，大到一个国家，小到一个公司，经济、市场的竞争往往表现为关键工艺技术的竞争。从法律的角度，通过专利的手段对关键技术的知识产权进行保护；在企业内部，通过严格的文件管理、资料授权管理把企业的关键工艺技术掌握在一部分人手里；行业之间、企业之间实行技术保密和技术封锁，是非常普遍的现象。因此，获取、收集电子工艺的关键技术是非常困难的。

五、电子产品制造过程的基本要素(4m＋m)

(1)材料(material)

包括电子元器件、导线类、集成电路、开关、接插件等。

(2)设备(machine)

各种工具、仪器、仪表、机器等。

(3)方法(method)

对材料的利用、对工具设备的操作、对生产的安排、对生产过程的管理。

（4）人力（manpower）

高级管理人员、高级工程技术人员、高级技术工人。

（5）管理（management）

综上所述：

对整机结构的基本要求如下：结构紧凑，布局合理，能保证产品技术指标的实现；操作方便，便于维修；工艺性能良好，适合大批量生产或自动化生产；造型美观大方。而电子产品的生产与发展和电子装配工艺的发展密切相关，任何电子设备，从原材料进厂到成品出厂，要经过千百道工序的生产过程。生产过程中，大量的工作是由具有一定技能的工人，操作一定的设备，按照特定的工艺规程和方法去完成的。

电子整机装配工艺过程可分为装配准备、装联（包括安装和焊接）、总装、调试、检验、包装、入库或出厂几个环节。

知识二　安全文明生产知识

一、安全文明生产

生产过程中必须做到安全生产和文明生产。

安全生产是指在生产过程中确保生产的产品、使用的工具、仪器设备和人身的安全。安全为生产，生产必须安全。必须树立质量第一、安全第一的观点，切实做好生产安全工作，安全生产涉及面较广，对于无线电装配工来说，经常遇到的是用电安全问题。为做到安全用电，应注意如下几点。

①在车间使用的局部照明灯、手提电动工具、高度低于 2.5m 的普通照明灯等，应尽量采用国家规定的 36V 的安全电压或更低的电压。

②各种电气设备、电气装置、电动工具等，应安装好安全保护地线。

③操作带电设备时，不得用手触摸带电部位，不得用手接触导电部位来判断是否有电。

④电气设备线路应由专业人员安装。发现电气设备有打火、冒烟或异味时，应迅速切断电源，请专业人员进行检修。

⑤在非安全电压下作业时，应尽可能用单手操作，并应站在绝缘胶垫上。在调试高压设备时，地面应铺绝缘垫，操作人员应穿绝缘胶靴，戴绝缘胶手套，使用绝缘柄的工具。

⑥检修电气设备和电器用具时，必须切断电源。如果设备内有电容器，则所有电容器都必须充分放电，然后才能进行检修。

⑦各种电气设备插头应经常保持完好无损，不用时应从插座上拔下，从插座上取下电线插头时，应握住插头，而不要拉电线。工作台上的插座应安装在不易碰撞的位置，若有损坏应及时修理或更换。

⑧开关上的熔丝应符合规定的容量，不得用铜、铝线代替熔丝。

⑨高温电气设备的电源线严禁采用塑料绝缘导线。

文明生产就是创造一个布局合理、整洁优美的生产和工作环境，人人养成遵守纪律和严格执行工艺操作规程的习惯。文明生产是保证产品质量和安全生产的必要条件。文明生产在一定程度上反映了企业的经营管理水平、职工的技术素质和精神面貌。文明生产的内容有以下几个方面。

①厂区内各车间布局合理,有利于生产安排,且环境整洁、优美。

②车间工艺布置合理,光线充足,通风、排气良好,温度适宜。

③严格执行各项规章制度,认真贯彻工艺操作规程。

④工作场地和工作台面及使用的工具、仪器、仪表等应保持清洁。

⑤进入车间应按规定穿戴工作服、鞋、帽。必要时应戴手套(如焊接镀银件)。

⑥讲究个人卫生,不得在车间内吸烟。

⑦生产用的工具及各种准备件应堆放整齐,方便操作。

⑧做到操作标准化、规范化。

⑨厂内传递工件时应有专用传递箱。对机箱外壳、面板装饰件、刻度盘等易划伤的工件应有适当的防护措施。

⑩树立把方便让给别人、困难留给自己的精神,为下一班、下一工序服好务。

二、5S 活动

1. "5S"活动的含义

"5S"是整理(Seiri)、整顿(Seiton)、清扫(Seiso)、清洁(Seikeetsu)和素养(Shitsuke)这 5 个词的缩写。因为这 5 个词日语中罗马拼音的第一个字母都是"S",所以简称为"5S",开展以整理、整顿、清扫、清洁和素养为内容的活动,称为"5S"活动。

"5S"活动起源于日本,并在日本企业中广泛推行,它相当于我国企业开展的文明生产活动。"5S"活动的对象是现场的"环境",它对生产现场环境全局进行综合考虑,并制订切实可行的计划与措施,从而达到规范化管理。"5S"活动的核心和精髓是素养,如果没有职工队伍素养的相应提高,"5S"活动就难以开展和坚持下去。

2. "5S"活动的内容

(1)整理

把要与不要的人、事、物分开,再将不需要的人、事、物加以处理,这是开始改善生产现场的第一步。其要点是对生产现场的现实摆放和停滞的各种物品进行分类,区分什么是现场需要的,什么是现场不需要的;其次,对于现场不需要的物品,诸如用剩的材料、多余的半成品、切下的料头、切屑、垃圾、废品、多余的工具、报废的设备、工人的个人生活用品等,要坚决清理出生产现场,这项工作的重点在于坚决把现场不需要的东西清理掉。对于车间里各个工位或设备的前后、通道左右、厂房上下、工具箱内外,以及车间的各个死角,都要彻底搜寻和清理,达到现场无不用之物。坚决做好这一步,是树立好作风的开始。日本有的公司提出口号:效率和安全始于整理!

整理的目的是:①改善和增加作业面积;②现场无杂物,行道通畅,提高工作效率;③减少磕碰的机会,保障安全,提高质量;④消除管理上的混放、混料等差错事故;⑤有利于减少库存量,节约资金;⑥改变作风,提高工作情绪。

(2)整顿

把需要的人、事、物加以定量、定位。通过前一步整理后,对生产现场需要留下的物品进行科学合理的布置和摆放,以便用最快的速度取得所需之物,在最有效的规章、制度和最简捷的流程下完成作业。

整顿活动的要点是：①物品摆放要有固定的地点和区域，以便于寻找，消除因混放而造成的差错；②物品摆放地点要科学合理。例如，根据物品使用的频率，经常使用的东西应放得近些（如放在作业区内），偶尔使用或不常使用的东西则应放得远些（如集中放在车间某处）；③物品摆放目视化，使定量装载的物品做到过目知数，摆放不同物品的区域采用不同的色彩和标记加以区别。

生产现场物品的合理摆放有利于提高工作效率和产品质量，保障生产安全。这项工作已发展成一项专门的现场管理方法——定置管理。

（3）清扫

把工作场所打扫干净，设备异常时马上修理，使之恢复正常。生产现场在生产过程中会产生灰尘、油污、铁屑、垃圾等，从而使现场变脏。脏的现场会使设备精度降低，故障多发，影响产品质量，使安全事故防不胜防；脏的现场更会影响人们的工作情绪，使人不愿久留。因此，必须通过清扫活动来清除那些脏物，创建一个明快、舒畅的工作环境。

清扫活动的要点是：①自己使用的物品，如设备、工具等，要自己清扫，而不要依赖他人，不增加专门的清扫工；②对设备的清扫，着眼于对设备的维护保养。清扫设备要同设备的点检结合起来，清扫即点检；清扫设备要同时做设备的润滑工作，清扫也是保养；③清扫也是为了改善。当清扫地面发现有飞屑和油水泄漏时，要查明原因，并采取措施加以改进。

（4）清洁

整理、整顿、清扫之后要认真维护，使现场保持完美和最佳状态。清洁，是对前三项活动的坚持与深入，从而消除发生安全事故的根源。创造一个良好的工作环境，使职工能愉快地工作。

清洁活动的要点是：①车间环境不仅要整齐，而且要做到清洁卫生，保证工人身体健康，提高工人劳动热情；②不仅物品要清洁，而且工人本身也要做到清洁，如工作服要清洁，仪表要整洁，及时理发、刮须、修指甲、洗澡等；③工人不仅要做到形体上的清洁，而且要做到精神上的"清洁"，待人要讲礼貌、要尊重别人；④要使环境不受污染，进一步消除混浊的空气、粉尘、噪音和污染源，消灭职业病。

（5）素养

素养即教养，努力提高人员的素养，养成严格遵守规章制度的习惯和作风，这是"5S"活动的核心。没有人员素质的提高，各项活动就不能顺利开展，开展了也坚持不了。所以，抓"5S"活动，要始终着眼于提高人的素质。

3. 开展"5S"活动的原则

（1）自我管理的原则

良好的工作环境，不能单靠添置设备，也不能指望别人来创造。应当充分依靠现场人员，由现场的当事人员自己动手为自己创造一个整齐、清洁、方便、安全的工作环境，使他们在改造客观世界的同时，也改造自己的主观世界，产生"美"的意识，养成现代化大生产所要求的遵章守纪、严格要求的风气和习惯。因为是自己动手创造的成果，也就容易保持和坚持下去。

（2）勤俭办厂的原则

开展"5S"活动，要从生产现场清理出很多无用之物，其中，有的只是在现场无用，但可用于其他的地方；有的虽然是废物，但应本着废物利用、变废为宝的精神，该利用的应千方百计地利用,需要报废的也应按报废手续办理并收回其"残值",千万不可只图一时处理"痛快",不分青红皂白地当作垃圾一扔了之。对于那种大手大脚、置企业财产于不顾的"败家子"作风,应及时制止、批评、教育,情节严重的要给予适当处分。

(3)持之以恒原则

"5S"活动开展起来比较容易,可以搞得轰轰烈烈,在短时间内取得明显的效果,但要坚持下去,持之以恒,不断优化就不太容易。不少企业发生过一紧、二松、三垮台、四重来的现象。因此,开展"5S"活动,贵在坚持,为将这项活动坚持下去,企业首先应将"5S"活动纳入岗位责任制,使每一部门、每一人员都有明确的岗位责任和工作标准;其次,要严格、认真地搞好检查、评比和考核工作、将考核结果同各部门和每一人员的经济利益挂钩;第三,要坚持 PDCA 循环,不断提高现场的"5S"水平,即要通过检查,不断发现问题,不断解决问题。因此,在检查考核后,还必须针对问题,提出改进的措施和计划,使"5S"活动坚持不断地开展下去。

任务实施

1. 任务实施条件

①多媒体和视频资料。

②电子产品工艺管理资料。

③实验室和生产车间安全文明生产规程。

2. 任务实施过程

①观看多媒体和视频资料,初步树立电子工艺思想和安全文明生产观念。

②小组讨论,各自叙述对电子工艺管理和安全文明生产的理解。

③课后,调查电子相关企业的工艺管理和安全文明生产状况。

④查阅有关电子工艺管理和安全文明生产方面的资料,撰写调查报告。

3. 考核评分标准

训练内容	配分	考核内容及评分标准	
电子工艺和安全文明生产调查报告	80	1. 没有走访和调查电子相关企业,扣 20 分 2. 没有查阅相关资料,扣 20 分 3. 报告字数少于 1000 字,扣 10 分	
学习态度及职业道德	20		
安全文明生产		违反安全文明生产规程,扣 60 分	
定额时间		课内 2 课时,没有参与讨论者扣 20 分	
备注		除定额时间外,各项内容最高扣分不超过配分数	成绩评定:

任务 1 – 2　常用电子元器件的识别与检测

任务描述

根据给出的耳机放大器电路原理图其中一个声道,如图 1.1。通过对原理图的分析,选择符合电路要求的元器件,然后按电路性能指标要求检测所选元器件,耳机放大器相关资料参考附录。

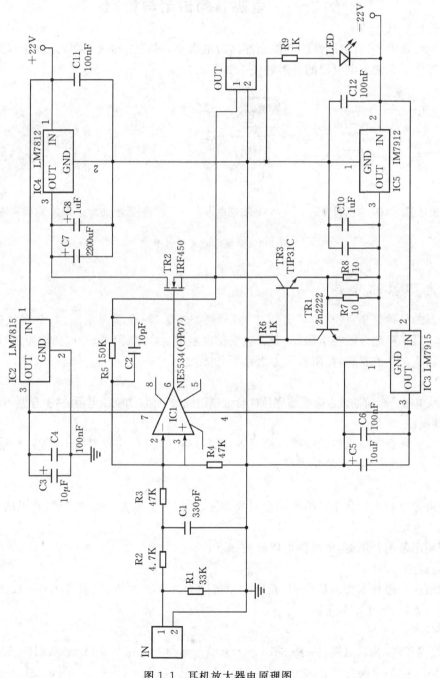

图 1.1　耳机放大器电原理图

任务相关知识

电子元器件是构成电子电路的基础,也是一个电子产品的重要组成部分。对于电子工程技术人员来说,熟悉各类电子器件的性能、特点和用途,对设计、安装和调试电子线路十分重要。下面按类别、性能、用途等方面对常用的电子元器件进行详细的介绍,力求使学生对各种各样的电子元器件有一个概括性的了解,以便在设计和制作电子产品中能够正确地选用电子元器件。

知识一　电阻器的识别与检测

在电子线路中,具有电阻性的实体元件称为电阻器,习惯上称为电阻,是电子线路中使用最多的元件之一。常见电阻器的外形如图 1.2 所示。

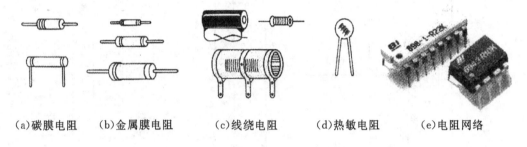

　(a)碳膜电阻　　(b)金属膜电阻　　　(c)线绕电阻　　(d)热敏电阻　　(e)电阻网络

图 1.2　常见电阻器外形图

一、电阻器的分类

电阻器的品种繁多,按材料可分为两类:薄膜类电阻器(金属膜电阻器、金属氧化膜电阻器、碳膜电阻器等)和合成类电阻器(金属玻璃釉电阻器、实心电阻器、合成膜电阻器)两种。

按照制造工艺或材料,电阻器可分为以下几类:

(1)合金型

用块状电阻合金拉制成合金线或碾压成合金箔制成的电阻,如绕线电阻、精密合金箔电阻等。

(2)薄膜型

在玻璃或陶瓷基体上沉积一层电阻薄膜,膜的厚度一般在几微米以下,薄膜材料有碳膜、金属膜、化学沉积膜及金属氧化膜等。

(3)合成型

电阻由导电颗粒和化学黏结剂混合而成,可以制成薄膜或实心两种类型,常见的有合成膜电阻和实心电阻。

按照使用范围及用途,电阻器可以分类如下:

(1)普通型

指能适应一般技术要求的电阻,额定功率范围为 $0.05 \sim 2$ W,阻值为 1 Ω ~ 22 MΩ,允许偏差±5%、±10%、±20%等。

(2)精密型

有较高精密度及稳定性,功率一般不大于 2 W,标称阻值在 0.01 Ω ~ 20 MΩ,允许偏差在±2%～±0.001%之间分挡。

（3）高频型

电阻自身电感量极小，常称为无感电阻。用于高频电路，阻值小于 1 kΩ，功率范围宽，最大可达 100 W。

（4）高压型

用于高压装置中，功率在 0.5～15 W 之间，额定电压可达 35 kV 以上，称阻值可达 1 GΩ。

（5）高阻型

阻值在 10 MΩ 以上，最高可达 10^{14} Ω。

（6）集成电阻（电阻排）

这是一种电阻网络，它体积小、规整化及精密度高等特点，特别适用于电子仪器仪表及计算机产品中。

电阻器的材料、分类代号及意义如表 1.1 所示。

表 1.1　电阻器的材料、分类代号及意义

材料			分类			
字母代号	意义	数字代号	意义		字母代号	意义
			电阻器	电位器		电阻器	
T	碳膜	1	普通	普通	G	高功率	
H	合成膜	2	普通	普通	T	可调	
S	有机实心	3	超高频	—	W		微调
N	无机实心	4	高阻	—	D		多调
J	金属膜	5	高温	—			
Y	金属氧化膜	6	—	—			
C	化学沉积膜	7	精密	精密	说明：新产品的分类根据发展状况予以补充		
I	玻璃釉膜	8	高压	函数			
X	线绕	9	特殊	特殊			

二、电阻器的主要技术指标及标志方法

电阻器的主要技术指标有额定功率、标称阻值、允许偏差（精度等级）、温度系数、非线性度及噪声系数等项。由于电阻器的表面积有限以及对参数关心的程度，一般只标明阻值、精度、材料和额定功率几项；对于额定功率小于 0.5W 的小电阻，通常只标注阻值和精度，其材料及额定功率通常由外形尺寸和颜色判断。电阻器的主要技术参数通常用文字或文字符号标出。

（1）额定功率

电阻器在电路中长时间连续工作不损坏，或不显著改变其性能所允许消耗的最大功率，称为电阻器的额定功率。电阻器的额定功率并不是电阻器在电路中工作时一定要消耗的功率，而是电阻器在电路中工作时，允许所消耗功率的限额。

电阻实质上是把吸收的电能转换成热能的能量消耗元件。不同类型的电阻有不同的额定功率系列。通常的功率系列值可以有 0.05～500W 之间的数十种规格。选择电阻的额定功

率,应该判断它在电路中的实际功率,一般使额定功率是实际功率的 1.5～2 倍以上。

电阻器的额定功率系列如表 1.2 所示。

表 1.2　电阻器的额定功率系列 单位:W

线绕电阻器的额定功率系列	0.05、0.125、0.25、0.5、1、2、4、8、10、25、40、50、75、100、150、250、500
非线绕电阻器额定功率系列	0.05、0.125、0.25、0.5、1、2、5、10、25、50、100

在电路图中,电阻器的额定功率标注在电阻器的图形符号上,如图 1.3 所示。

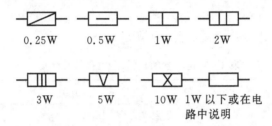

图 1.3　标有额定功率的电阻器

额定功率在 2W 以下的小型电阻,其额定功率值通常不在电阻器上标出,观察外形尺寸即可确定;额定功率在 2W 以上的电阻,因为体积比较大,其功率值均在电阻器上用数字标出。电阻器的额定功率主要取决于电阻体的材料、外形尺寸和散热面积。一般来说,额定功率大的电阻器,其体积也比较大。因此,可以通过比较同类的电阻器的尺寸,判断电阻器的额定功率。常用电阻器的额定功率及外形尺寸如表 1.3 所示。

表 1.3　常用电阻器的额定功率及其外形尺寸

种　类	型　号	额定功率/W	最大直径/mm	最大程度/mm
超小型碳膜电阻	RT13	0.125	1.8	4.1
小型碳膜电阻	RTX	0.125	2.5	6.4
碳膜电阻	RT	0.25	2.5	18.5
		0.5	5.5	28.0
		1	7.2	30.5
		2	9.5	48.5
金属膜电阻	RJ	0.125	2.2	7.0
		0.25	2.8	8.0
		0.5	4.2	10.8
		1	6.6	13.0
		2	8.6	18.5

(2)标称阻值

阻值是电阻器的主要参数之一,不同类型的电阻器,阻值范围不同;不同精度的电阻器,其阻值系列也不相同。在设计电路时,应该尽可能选用阻值符合标称系列的电阻。电阻器的标称阻值,用色环或文字标注在电阻的表面上。

(3)阻值精度(允许偏差)

实际阻值与标称阻值的相对误差为电阻精度。允许相对误差的范围叫做允许偏差(简称允差,也称为精度等级)。普通电阻的允许偏差可分为±5%、±10%、±20%等,精密电阻的允许偏差可分为±2%、±1%、±0.5%…±0.001%等十多个等级。一般说来,精度等级高的电阻,价格也高。在电子产品设计中,应该根据电路的不同要求,选用不同精度的电阻。

电阻的精度等级可以用符号标明如表1.4所示。

表 1.4　电阻的精度等级符号

%	±0.001	±0.002	±0.005	±0.01	±0.02	±0.05	±0.1
符号	E	X	Y	H	U	W	B
%	±0.2	±0.5	±1	±2	±5	±10	±20
符号	C	D	F	G	J	K	M

(4)温度系数

所有材料的电阻率都会随温度发生变化,电阻的阻值同样如此。在衡量电阻器的温度稳定性时,使用温度系数;一般情况下,应该采用温度系数较小的电阻;而在某些特殊情况下,则需要使用温度系数大的热敏电阻器,这种电阻器的阻值会随着环境和工作电路的温度敏感地发生变化。它有两种类型:一种是正温度系数型,另一种是负温度系数型。热敏电阻一般在电路中用做温度补偿或测量调节元件。

金属膜、合成膜电阻具有较小的正温度系数,碳膜电阻具有负温度系数。适当控制材料及加工工艺,可以制成温度稳定性很高的电阻。

(5)非线性

通过电阻的电流与加在其两端的电压不成正比关系时,叫做电阻的非线性。电阻的非线性用电压系数表示,即在规定的范围内,电压每改变1v,电阻值的平均相对变化量。

一般来说,金属型电阻的线性度很好,非金属型电阻常会出现非线性。

(6)噪声

噪声是产生于电阻中的一种不规则的电压起伏。噪声包括热噪声和电流噪声两种。

热噪声是由于电子在导体中的不规则运动而引起的,它既不决定于材料,也不决定于导体的形状,仅与温度和电阻的阻值有关。任何电阻都有热噪声。降低电阻的工作温度,可以减小热噪声。

电流噪声是由于电流流过导体时,导电颗粒之间以及非导电颗粒之间不断发生碰撞而产生的机械震动,并使颗粒之间的接触电阻不断发生变化的结果。当直流电压加在电阻两端时,电流将被起伏的噪声电流所调制,这样,电阻两端除了有直流压降外,还会有不规则的交变电压分量,这就是电流噪声。电流噪声与电阻的材料、结构有关,并与外加直流电压成正比。合金型电阻无电流噪声,薄膜型电阻较小,合成型电阻最大。

(7)极限电压

电阻两端电压加高到一定值时,电阻会发生电击穿而损坏,这个电压值叫做电阻的极限电压。根据电阻的额定功率,可以计算出电阻的额定电压。

$$V = \sqrt{PR}$$

而极限电压无法根据简单的公式计算出来,它取决于电阻的外形尺寸及工艺结构。

三、几种常用电阻器的结构与特点

几种常用电阻器的外形见图 1.2。其中,图 1.2(a)是碳膜电阻器,图 1.2(b)是金属膜或金属氧化膜电阻器,图 1.2(c)是线绕电阻器,图 1.2(d)是热敏电阻器,图 1.2(e)是电阻网络(集成电阻、电阻排)。

1. 薄膜型电阻

薄膜型电阻有以下几种。

(1)金属膜电阻型号:RJ

①结构。在陶瓷骨架表面,经真空高温或烧渗工艺蒸发的沉积一层金属膜或合金膜。

②特点。工作环境温度范围大(−55℃~+125℃)、温度系数小、稳定性好、噪声低及体积小(与相同体积的碳膜电阻相比,额定功率要大一倍左右),价格比碳膜电阻稍贵一些。

这种电阻额定功率有 0.125W、0.25W、0.5W、1W、2W、5W 等,标称阻值在 1Ω~100MΩ之间,精度等级一般为 ±5%,高精度的金属膜电阻其精度可达 0.5%~0.05%。广泛应用在稳定性及可靠性有较高要求的电路中,可制成精密、高阻、高频、高压、高温的金属膜电阻器和供微波使用的各种不同形状的衰减片。

(2)金属氧化膜电阻型号:RY

①结构。高温条件下,在陶瓷本体的表面上以化学反应形式生成的以二氧化锡为主体的金属氧化层。

②特点。其膜层比金属膜和碳膜电阻都厚得多,并与基体附着力强,因而它有极好的脉冲、高频、温度和过负荷性能;机械性能好,坚硬、耐磨;在空气中不会再氧化,因而化学稳定性好;能承受大功率(可高达 25W~50kW),但阻值范围较窄(1Ω~200kΩ)。可制成几百千瓦的大功率电阻器。

(3)碳膜电阻型号:RT

①结构。碳氢化合物在真空中通过高温蒸发分解,在陶瓷骨架表面上沉积成碳结晶导电膜。

②特点。这是一种应用最早、最广泛的薄膜型电阻。它的体积比金属膜电阻略大,阻值范围宽(1Ω~10MΩ),温度系数为负值。此外,碳膜电阻的价格特别低廉,因此在低档次的消费类电子产品中被大量使用。额定功率为 0.125~10W,精度等级为 ±5%、±10% 及 ±20%,外表通常涂成淡绿色。可制成高频电阻器、精密电阻器、大功率电阻器,用于交、直流脉冲电路中。

(4)合成膜电阻型号:RH

①结构。合成膜电阻可制成高压型和高阻型电阻。高压型电阻的外形大多是一根无引线的电阻长棒,表面涂成红色;耐压高的,其长度也更长。高阻型电阻的电阻体封装在真空玻璃管内,防止合成膜受潮或氧化,以提高阻值的稳定性。

②特点。高压型电阻的阻值范围为 47Ω~1000MΩ,精度等级为 ±5%、±10%,耐压分成10kV 和 35kV 两挡。高阻型电阻的阻值范围更大,为 10MΩ~10TΩ,允许偏差为 ±5%、±

10％。可制成高阻、高压电阻器,用于原子探测器、微弱电流测试仪器中。

(5)电阻网络(电阻排)

①结构。综合掩模、光刻及烧结等工艺技术,在一块基片上制成多个参数、性能一致的电阻,连接成电阻网络,也叫集成电阻。

②特点。随着电子装配密集化和元器件集成化的发展,电路中常需要一些参数、性能及作用相同的电阻。例如,计算机检测系统中的多路 A/D,D/A 转换电路,往往需要多个阻值相同、精度高、温度系数小的电阻,若选用分立元件不仅体积大、数量多,而且往往难以达到技术要求,而使用电阻网络则很容易满足上述要求。

2.特殊电阻

特殊电阻有以下几种。

(1)熔断电阻

这种电阻又叫做保险电阻,兼有电阻和熔断器的双重作用。在正常工作状态下它是一个普通的小阻值(一般为几欧姆到几十欧姆)电阻,但当电路出现故障、通过熔断电阻器的电流超过该电路的规定电流时,它就会迅速熔断并形成开路。与传统的熔断器和其他保护装置相比,熔断电阻器具有结构简单、使用方便、熔断功率小及熔断时间短等优点,被广泛用于电子产品中。选用熔断电阻时要仔细考虑功率和阻值的大小,功率和阻值都不能太大,才能使它起到保护作用。

(2)水泥电阻

水泥电阻实际上是封装在陶瓷外壳中、并用水泥填充固化的一种线绕电阻,如图 1.4 所示。水泥电阻内的电阻丝和引脚之间采用压接工艺,如果负载短路,压接点会迅速熔断,起到保护电路的作用。水泥电阻功率大、散热好,具有良好的阻燃、防爆特性和高达 100MΩ 的绝缘电阻,被广泛使用在开关电源和功率输出电路中。

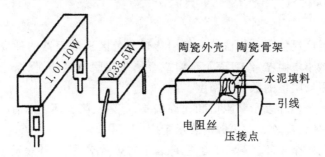

图 1.4　水泥电阻

(3)敏感型电阻

使用不同材料及工艺制造的半导体电阻,具有对温度、光通量、湿度、压力、磁通量、气体浓度等非电物理量敏感的性质,这类电阻叫做敏感电阻。通常有热敏、压敏、光敏、湿敏、磁敏、气敏及力敏等不同类型的敏感电阻。利用这些敏感电阻,可以制作用于检测相应物理量的传感器及无触点开关。各类敏感电阻,按其信息传输关系可分为"缓变型"和"突变型"两种类型,广泛应用于检测和自动化控制等技术领域。

四、电阻器常用标注方法

电阻器常用的标注方法有直标法、文字符号法和色标法 3 种。

1. 直标法

直标法是把元件的主要参数是直接印制在元件的表面上,这种方法主要用于功率比较大的电阻器。例如,电阻器表面上印有 RXYC－50－T－1K5－10％,其含义是耐潮被釉线绕可调电阻,额定功率为 50W,阻值为 1.5kΩ,允许误差为 ±10％。

2. 文字符号法

传统的电阻器文字符号标注法,是将电阻器的阻值、精度、功率、材料等用文字符号在电阻器表示出来。例如,阻值单位用 Ω、kΩ、MΩ 表示,精度用等级 J(±5％)、等级 K(±10％)、等级 M(±20％)表示,电阻器的材料可通过外表的颜色予以区别等。

随着电子元器件的不断小型化,特别是表面安装元器件(SMC 和 SMD)的制造工艺不断进步,使得电阻器的体积越来越小,因此其元器件表面上标注的文字符号也进行了相应的改革。一般仅用 3 位数字标注电阻器的数值,精度等级不再表示出来(一般小于±5％)。具体规定如下:

①元器件表面涂以黑颜色表示电阻器。

②电阻器的基本标注单位是欧(Ω),其数值大小用 3 位数字标注。

③对于 10 个基本标注单位以上的电阻器,前 2 位数字表示数字的有效数字,第三位数字表示数值的倍率(乘数)。例如,100 表示阻值为 $10×1＝10\ \Omega$,223 表示其阻值为 $22×1000＝22\ k\Omega$。

④对于 10 个基本标注单位以下的元件,第一位,第三位表示数值的有效数字,第二位用字母"R"表示小数点。例如,3R9 表示为 3.9Ω。

3. 色标法

小功率的电阻器广泛使用色标法。一般用背景颜色区别电阻器的种类:浅色(淡绿色、淡蓝色、浅棕色)表示碳膜电阻器,红色表示金属或金属氧化膜电阻器,深绿色表示线绕电阻器。一般用色环表示电阻器阻值的数值及精度。

普通电阻器用 4 个色环表示其阻值和允许偏差。第一、第二环表示有效数字,第三环表示倍率(乘数),与前 3 环距离较大的第四环表示精度。

精密电阻器采用 5 个色环。第一、二、三环表示有效数字,第四环表示倍率,与前四环距离较大的第五环表示精度。有关色码标注的定义如表 1.5 所示。

表 1.5　色标法中各色环代表的意义

颜色	有效数字	倍乘(乘数)	允许偏差/％
黑	0	10^0	
棕	1	10^1	±1
红	2	10^2	±2
橙	3	10^3	
黄	4	10^4	±0.5

续表 1.5

颜　色	有效数字	倍乘(乘数)	允许偏差/%
绿	5	10^5	±0.25
蓝	6	10^6	±0.1
紫	7	10^7	
灰	8	10^8	
白	9	10^9	
金		10^{-1}	±5
银		10^{-2}	±10
无色			±20

如图 1.5 所示为两种色环电阻器阻值的标注图。

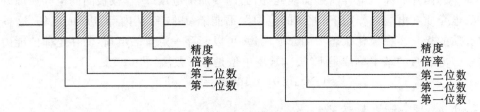

图 1.5　两种色环电阻器阻值的标注

　　例如,具有灰、黄、橙、金 4 色标注的电阻器,其阻值大小为 68 000Ω,允许偏差为 ±5%;具有棕、黑、绿、棕、棕 5 环标注的电阻器,其阻值 $105×10^1=1\ 050Ω$,允许偏差为 ±1%。

五、电阻器的正确选用与质量判别

1.电阻器的正确选用

　　在选用电阻器时,不仅要求其各项参数符合电路的使用条件,还要考虑外形尺寸和价格等多方面的因素。一般说来,电阻器应该选用标称阻值系列,允许偏差多用 ±5% 的,额定功率大约为在电路中的实际功耗的 1.5~2 倍以上。

　　在研制电子产品时,要仔细分析电路的具体要求。在那些稳定性、耐热性、可靠性要求比较高的电路中,应该选用金属膜或金属氧化膜电阻;如果要求功率大、耐热性能好、工作频率又不高时,则可选用线绕电阻;对于无特殊要求的一般电路,可使用碳膜电阻,以便降低成本。

2.电阻器的质量判别方法

　　电阻器的质量判别方法如下:

　　①看电阻器表面有无烧焦,引线有无折断现象。

　　②再用万用表电阻挡测量阻值,合格的电阻值应该稳定在允许的误差范围内,如超出误差范围或阻值不稳定,则不能选用。

　　③根据“电阻器质量越好,其噪声电压越小”的原理,使用“电阻噪声测量仪”测量电阻噪声,判别电阻质量的好坏。

3.电阻器的测试

　　使用电阻器时,首先要知道电阻器的好坏,然后再测定它的实际阻值。测量电阻时一般采用万用表的欧姆挡来进行。测量前,应将万用表调零。例如,将万用表置于 $R \times 10 \ \Omega$ 然后用表笔接被测固定电阻的两个引端,此时将表头指针偏转值乘10,即为被测电阻器的阻值。如果指针不动,则可以将万用表换到 $R \times 10 \ k\Omega$ 挡,并重新调零。如果指针仍不摆动,表示电阻器内部已断,不能再用。如果指示为零,可将万用表置于 $R \times 10 \ \Omega$ 挡或 $R \times 1 \Omega$ 挡。此时指针偏转后的值乘以10或1得到的值为电阻器的阻值。

注意:测量时手不能接触被测电阻器的两根引线,以免人体电阻影响测量的准确性。若要测量电路中的电阻器,必须将电阻器的一端从电路中断开,以防电路中的其他元器件影响测量结果。

知识二   电容器的识别与检测

电容器在各类电子线路中是一种必不可少的重要元件。它的基本结构是用一层绝缘材料(介质)间隔的两片导体。电容器是储能元件,当两端加上电压以后,极板间的电介质即处于电场之中。电介质在电场的作用下,原来的电中性不能继续维持,其内部也形成电场,这种现象叫做电介质的极化。在极化状态下的介质两边,可以储存一定量的电荷,储存电荷的能力用电容量表示。电容量的基本单位是 F(法),常用单位是 μF(微法)和 pF(皮法)。

$$1F = 10^6 \ \mu F = 10^9 \ nF = 10^{12} \ pF$$

一、电容器的技术参数

1. 标称容量及偏差

电容量是电容器的基本参数,其数值标注在电容体上。不同类型的电容器有不同系列的容量标称数值。

注意:某些电容器的体积过小,在标注容量时常常不标单位符号,只标数值,这就需要根据电容器的材料、外形尺寸、耐压等因素加以判断,以读出真实的容量值。

电容器的容量偏差等级有许多种,一般偏差都比较大,均在 $\pm 5\%$ 以上,最大的可达 $-10\% \sim +100\%$。

2. 额定电压

在极化状态下,电荷受到介质的束缚而不能自由移动,只有极少数电荷摆脱束缚形成漏电流;当外加电场增强到一定程度,介质被击穿,大量电荷脱离束缚流过绝缘材料,此时电容器已经遭到损坏。能够保证长期工作而不致击穿电容器的最大电压称为电容器的额定工作电压,俗称"耐压"。额定电压系列随电容器种类不同而有所区别,额定电压的数值通常在体积较大的电容器或电解电容器上标出。电子产品常用电容器的额定电压系列如表 1.6 所示。

表 1.6　常用电容器的额定电压系列　　　　　　　　　单位:V

1.6	4	6.3	10	16	25	(32)	40
(50)	63	100	(125)	160	250	(300)	400
(450)	500	630	1000	1600	2000	2500	...

注:表中带括号者仅为电解电容器所用。

3. 损耗角正切

电容器介质的绝缘性能取决于材料及厚度,绝缘电阻越大,漏电流越小。漏电流将使电容器消耗一定电能,这种消耗称为电容器的介质损耗(属于有功功率)。由于介质损耗而引起的电流相移角度,叫做电容器的损耗角,用 σ 表示。

只用损耗的有用功率数值来衡量电容器的质量是不准确的,因为功率的损耗不仅与电容器本身的质量有关,而且与加在电容器上的电压及电流有关;同时,有用功率并不能反映出电容器的无功功率。为确切描述电容器的损耗特性,用有用功率与无功功率之比来表示,即 $\tan\sigma$ 称为电容器损耗角正切,它真实地表征了电容器的质量优劣。不同类型的电容器,其 $\tan\sigma$ 的数值不同,一般为 $10^{-4}\sim10^{-2}$。$\tan\sigma$ 值大的电容器,漏电流比较大,漏电流在电路工作时产生热量,可导致电容器性能变坏或失效,甚至使电解电容器爆裂。

$$\frac{P}{P_q}=\frac{VI\sin\sigma}{VI\cos\sigma}=\tan\sigma$$

4. 稳定性

电容器的主要参数,如容量、绝缘电阻、损耗角正切等,都受温度、湿度、气压、震动等环境因素的影响而发生变化,变化的大小用稳定性来衡量。

云母及瓷介电容器的温度稳定性最好,温度系数可达 $10^{-4}/℃$ 数量级,铝电解电容器的温度系数最大,可达 $10^{-2}/℃$。多数电容器的温度系数为正值,个别类型电容器(如瓷介电容器)的温度系数为负值。为使电路工作稳定,电容器的温度系数越小越好。

电容器介质的绝缘性能会随着湿度的增加而下降,并使损耗增加。湿度对纸介电容器的影响较大,对瓷介电容器的影响则很小。

二、电容器的命名与标注方法

1. 型号命名方法

根据国家标准,电容器型号命名由4部分组成。其中第三部分作为补充内容,说明电容器的某些特征;如无说明,则只需由3部分组成,即两个字母一个数字。大多数电容器型号命名都由3部分组成。型号命名格式如下:

电容器的标注方法与内容如表1.7所示。

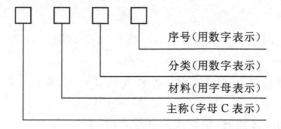

序号(用数字表示)

分类(用数字表示)

材料(用字母表示)

主称(字母 C 表示)

表 1.7 电容器的标注方法与内容

第一部分(主称)		第二部分(介质材料)		第三部分(特征)	
符号	含义	符号	含义	符号	含义
C	电容器	C	陶瓷	W	微调
		Y	云母		
		I	玻璃釉		
		O	玻璃膜		
		B	聚苯乙烯		
		F	聚四氟乙烯		
		L	涤纶		
		S	聚碳酸脂	J	金属膜
		Q	漆膜		
		Z	纸		
		H	混合介质		
		D	铝电解		
		A	钽电解		
		N	铌电解		
		T	钛电解		

例如:CY510 I 表示云母电容器,I 级精度(±5%),510pF;

CLlnK 表示涤纶电容器,K 级精度(±10%),1nF;

CC223 III 表示瓷介电容器,III 级精度(±20%),0.002μF;

CBBl20.47 II 表示聚苯乙醇电容器,II 级精度(±10%),0.47μF。

通常,电容器主体上除标有上述符号外,还有标称容量、额定电压、精度与技术条件等。

2. 电容容量的标志方法

(1)直标法

常用的电容单位有:F(法)、mF(毫法)、μF(微法)、nF(纳法)、pF(皮法);其中 $m = 10^{-3}$,$u = 10^{-6}$,$n = 10^{-9}$,$p = 10^{-12}$。

例如:4n7 表示 4.7nF 或 4700pF;0.22 表示 0.22μF;510 表示 510pF。

没标单位的读法是:

当电容在 1~9999 pF 之间时,单位读为 pF,如 510 pF。

当电容大于 10^5 pF 时单位读为 μF,如 0.22μF。

有时可认为,用大于 1 的三位以上数字表示时,电容单位为 pF;用小于 1 的数字表示时,电容单位为 μF。

(2)数码表示法

一般用三位数字表示电容的大小,单位 pF。

前两位为有效数字后一位表示倍率,即乘以 10^i,i 为第三位数字。若第三位数字为 9,则乘以 0.1。例如,223 表示 $22 \times 10^3 \text{pF} = 0.022\mu$F;479 表示 $47 \times 10^{-1} = 4.7\mu$F。这种表法最

常见。

（3）色码表示法

这种表示法与电阻器的色环表示法相似，颜色涂于电阻器的一端或从顶端向引线排列。色码一般只有三种颜色，前两个色码表示有效数字，第三个表示倍率，单位为 pF。有时色环较宽，如红红橙，两个红色色玛环涂成一个宽色码环，表示 22000 pF。

三、几种常用电容器

1. 有机介质电容器

由于现代高分子合成技术的进步，新的有机介质薄膜不断出现，这类电容器发展很快。除了传统的纸介、金属化纸介电容器外，常见的涤纶、聚苯乙烯电容器等均属此类。

（1）纸介电容器型号：CZ

①结构。以纸作为绝缘介质、以金属箔作为电极板卷绕而成，如图 1.6 所示。

②特点。这是生产历史最悠久的一种电容器，它的制造成本低、容量范围大、耐压范围宽（36 V～30 kV），但体积大，$\tan\sigma$ 大，因而只适用于直流或低频电路中。在其他有机介质迅速发展的今天，纸介电容器已经被淘汰。

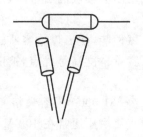

图 1.6　纸介电容器　　　　图 1.7　薄膜电容器

（2）金属化纸介电容器型号：CJ

①结构。在电容器纸上用蒸发技术生成一层金属膜作为电极，卷制后封装而成，有单向和双向两种引线方式。

②特点。金属化纸介电容器的成本低、容量大、体积小，在相同耐压和容量的条件下，其体积是纸介电容器的 1/5～1/3 倍。这种电容器在电气参数上与纸介电容器基本一致，突出的特点是受到高电压击穿后能够"自愈"，但其电容值不稳定，等效电感和损耗都较大，适用于频率和稳定性要求不高的电路中。现在，金属化纸介电容器也已经很少见到。

（3）有机薄膜电容器

①结构。与纸介电容器基本相同。区别在于介质材料不是电容纸，而是有机薄膜。有机薄膜在这里只是一个统称，具体又分涤纶、聚丙烯薄膜等数种。薄膜电容器如图 1.7 所示。

②特点。这种电容器不论是体积、重量还是在电气参数上，都要比纸介或金属化纸介电容器优越得多。最常见的涤纶薄膜电容器型号：CL 其体积小，容量范围大，耐热、耐湿、稳定性不高，但比低频瓷介或金属化纸介电容器要好，宜做旁路电容器使用。

2. 无机介质电容器

陶瓷、云母、玻璃等材料可制成无机介质电容器。

(1)瓷介电容器型号:CC 或 CT

瓷介电容器也是一种生产历史悠久、容易制造、成本低廉、安装方便、应用极为广泛的电容器,一般按其性能可分为低压小功率和高压大功率(通常额定工作电压高于 1kV)两种。

①结构。常见的低压小功率电容器有瓷片、瓷管、瓷介独石等类型,如图 1.8 所示。在陶瓷薄片两面各喷涂一层银浆并焊接引线,披釉烧结后就制成瓷片电容器;若在陶瓷薄膜上印刷电极后叠层烧结,就能制成独石电容器。独石电容器的单位体积比瓷片电容器小很多,为瓷介电容器向小型化和大容量的发展开辟了良好的途径。

高压大功率瓷介电容器可制成鼓形、瓶形及板形等形式。这种电容器的额定直流电压可达 30kV,容量范围为 470~6800pF,通常用于高压供电系统的功率因数补偿。

②特点。由于所用陶瓷材料的介电性能不同,因而低压小功率瓷介电容器有高频瓷介(CC)、低频瓷介(CI)电容器之分。高频瓷介电容器的体积小、耐热性好、绝缘电阻大、损耗小、稳定性高,常用于要求低损耗和容量稳定的高频、脉冲、温度补偿电路,但其容量范围较窄,一般为 1pF~0.1μF;低频瓷介电容器的绝缘电阻小、损耗大、稳定性损耗和容量稳定性要求不高的低频电路,在普通电子产品中广泛用做旁路、耦合元件。

(2)云母电容器型号:CY

①结构。以云母为介质,用锡箔和云母片(或用喷涂银层的云母片)层叠后在胶木粉中压铸而成。云母电容器如图 1.9 所示。

②特点。由于云母材料优良的电气性能和机械性能,使云母电容器的自身电感和漏电损耗都很小,具有耐压范围宽、可靠性高、性能稳定、容量精度高等优点,被广泛用于一些具有特殊要求(如高温、高频、脉冲、高稳定性)的电路中。

目前应用较广的云母电容器的容量一般为 4.7~51 000 pF,容量精度可达到±0.01%,这是其他种类的电容器难以达到的。云母电容器的直流耐压通常在 100 V~5 kV 之间,最高可达 40 kV。温度系数小,一般可达到 10 ℃以内;可用于高温条件下,最高环境温度可达 460 ℃;长期存放后,容量变化小于 0.01%~0.02%。但是,云母电容器的生产工艺复杂,成本高、体积大、容量有限,因此它的使用范围受到了一定的限制。

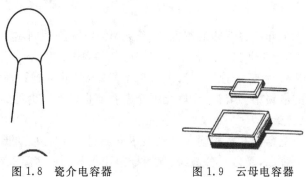

图 1.8　瓷介电容器　　　　图 1.9　云母电容器

(3)玻璃电容器

①结构。玻璃电容器以玻璃为介质,目前常见的有玻璃独石和玻璃釉独石两种。其外形如图 1.10 所示。

②特点。玻璃独石电容器与云母电容器的生产工艺相似,即把玻璃薄膜与金属电极交替叠合后热压成整体而成;玻璃釉独石电容器与瓷介独石电容器的生产工艺相似,即将玻璃釉粉

压成薄膜,在膜上印刷图形电极,交替叠合后剪切成小块,在高温下烧结成整体。与云母和瓷介电容器相比,玻璃电容器的生产工艺简单,因而成本低廉。这种电容器具有良好的防潮性和抗震性,能在 200℃ 高温下长期稳定地工作,是一种高稳定性、耐高温的电容器。

其稳定性介于云母与瓷介电容器之间,体积一般却只有云母电容器的几十分之一,所以它在高密度的 SMT 电路中广泛使用。

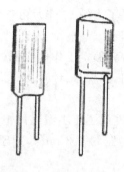

图 1.10　玻璃电容器

3. 电解电容器

电解电容器以金属氧化膜作为介质,以金属和电解质作为电容的两极,金属为阳极,电解质为阴极。使用电解电容器时必须注意极性,由于介质单向极化的性质,它不能用于交流电路,极性不能接反,否则会影响介质的极化,使电容器漏液、容量下降,甚至发热、击穿或爆炸。

由于电解电容器的介质是一层极薄的氧化膜(厚度只有几纳米到几十纳米),因此比率电容(电容量/体积)比任何其他类型电容器的都要大。换言之,对于相同的容量和耐压,其体积比其他电容器都要小几个或几十个数量级。低压电解电容器的这一特点更为突出。要求大容量的场合(如滤波电路等)时,均选用电解电容器。电解电容器的损耗大,温度特性、频率特性、绝缘性能差,漏电流大(可达毫安级),长期存放可能会因电解液干涸而老化。因此,除体积小以外,其任何性能均远不如其他类型的电容器。常见的电解电容器有铝电解电容器、钽电解电容器和铌电解电容器。此外,还有一些特殊性能的电解电容器,如激光储能型、闪光灯专用型及高频低感型电解电容器等,各用于不同要求的电路。

(1)铝电解电容器型号:CD

①结构。铝电解电容器一般是用铝箔和浸有电解液的纤维带交叠卷成圆柱形后,封装在铝壳内,其外形如图 1.11 所示。大容量的铝电解电容器的外壳顶端通常有"十"字形压痕,其作用是防止电容器内部发热引起外壳爆炸。假如电解电容器被错误地接入电路,介质反向极化会导致内部迅速发热,电解液汽化,膨胀的气体就会顶开外壳顶端的压痕释放压力,避免外壳爆裂伤人。

图 1.11　铝电解电容器外形

②特点。这是一种使用最广泛的通用型电解电容器,适用于电源滤波和音频旁路。铝电解电容器的绝缘电阻小,漏电损耗大,容量范围为 0.33~10 000μF,额定工作电压一般在 6.3~450V 之间。

(2)钽电解电容器型号:CA

①结构。采用金属钽(粉剂或溶液)作为电解质。

②特点。钽电解电容器已经发展了大约 50 年。由于钽及其氧化膜的物理性能稳定,所以它与铝电解电容器相比,具有绝缘电阻大、漏电小、寿命长、比率电容大、长期存放性能稳定、温度及频率特性好等优点,但它的成本高、额定工作电压低(最高只有 160V)。这种电容器主要用于一些对电气性能要求较高的电路,如积分、计时及开关电路等。钽电解电容器分为有极性和无极性两种。

除液体钽电容器以外,近年来又发展了超小型固体钽电容器。体积最小的高频片状钽电容器已经做成 0805 系列(长约 2 mm,宽约 1.2 mm),用于混合集成电路或采用 SMT 技术的微型电子产品中。

4. 可变电容器型号:CB

①结构。可变电容器是由很多半圆形动片和定片组成的平行板式结构,动片和定片之间用介质(空气、云母或聚苯乙烯薄膜)隔开,动片组可绕轴相对于定片组旋转 0°~180°,从而改变电容量的大小。可变电容器按结构可分为单联、双联和多联等几种。如图 1.12 所示为常见小型可变电容器的外形。双联可变电容器又可分为两种,一种是两组最大容量相同的等容双联,另一种是两组最大容量不同的差容双联。目前最常见的小型密封薄膜介质可变电容器(CBM 型),采用聚苯乙烯薄膜作为片间介质。

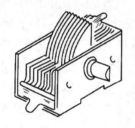

(a)空气介质的小型单联可变电容器;
(b)薄膜介质的小型密封双联可变电容器
图 1.12　小型可变电容器的外形

②特点。主要用在需要经常调整电容量的场合,如收音机的频率调谐电路。单联可变电容器的容量范围通常为 7~270 pF 或 7~360 pF;双联可变电容器的最大容量通常为 270 pF。

5. 微调电容器型号:CCW

①结构。在两块同轴的陶瓷片上分别镀有半圆形的银层,定片固定不动,旋转动片就可以改变两块银片的相对位置,从而在较小的范围内改变容量(几十皮法),如图 1.11 所示。

②特点。一般在高频回路中用于不经常进行的频率微调。

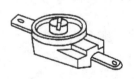

图 1.13　微调电容器

四、电容器的合理选用

电容器的种类繁多,性能指标各异。合理选用电容器对于产品设计十分重要。所谓合理选用,就是要在满足电路要求的前提下综合考虑体积、重量、成本及可靠性等各方面的因素。

为了合理选用电容器,应该广泛收集产品目录,及时掌握市场信息,熟悉各类电容器的性能特点;了解电路的使用条件和要求以及每个电容器在电路中的作用,如耐压、频率、容量、允许偏差、介质损耗、工作环境、体积及价格等因素。

一般来说,电路各级之间耦合多选用金属化纸介电容器或涤纶电容器;电源滤波和低频旁路宜选用铝电解电容器;高频电路和要求电容量稳定的地方应该选用高频瓷介电容器、云母电容器或钽电解电容器。如果在使用中要求电容量做经常性调整,可选用可变电容器;若不需要经常调整,可使用微调电容。

在具体选用电容器时,还应该注意如下问题。

1. 电容器的额定电压

不同类型的电容器有不同的额定电压系列,所选电容器的耐压应该符合标准系列,一般应该高于电容器两端实际电压的 $1.5\sim2$ 倍。不论选用何种电容器,都不得使其额定电压低于电路实际工作电压的峰值,否则电容器将会被击穿。因此,必须仔细分析电容器所加电压的性质。一般情况下,电路的工作电压是按照电压的有效值读数的,往往会忽略电压的峰值可能超过电容器的额定电压的情况。因此,在选择电容器的额定电压时,必须留有充分的裕量。

但是,选用电容器的耐压也不是越高越好,耐压高的电容器体积大、价格高。不仅如此,由于液体电解质的电解电容器自身结构的特点,一般应使电路的实际电压相当于所选额定电压的 $50\%\sim70\%$,才能充分发挥电解电容器的作用。如果实际工作电压低于其额定电压的一半,让高耐压的电解电容器在低电压的电路中长期工作,反而容易使它的电容量逐渐减小、损耗增大,导致工作状态变差。

2. 标称容量及精度等级

各类电容器均有其标称容量值系列及精度等级。电容器在电路中的作用各不相同,某些特殊场合(如定时电路)要求一定的容量精度,而在更多场合,容量偏差可以很大,例如,在电路中用于耦合或旁路,电容量相差几倍往往都没有很大关系。在制造电容器时,控制容量比较困难,不同精度的电容器,价格相差很大。所以,在确定电容器的容量精度时,应该仔细考虑电路的要求,不要盲目追求电容器的精度等级。

3. 对 $\tan\sigma$ 值的选择

介质材料的区别使电容器的 $\tan\sigma$ 值相差很大。在高频电路或对信号相位要求严格的电路中,$\tan\sigma$ 值对电路性能的影响很大,直接关系到整机的技术指标,所以应该选择 $\tan\sigma$ 值较小的电容器。

4. 电容器的体积和比率电容

在产品设计中,一般都希望体积小、重量轻,特别是在密度较高的电路中,更要求选用小型电容器。由于介质材料不同,电容器的体积往往相差几倍或几十倍。

单位体积的电容量称为电容器的比率电容,即

$$比容电容 = \frac{电容量}{电容量体积}(F/m^3)$$

比率电容越大,电容器的体积越小,价格也高一些。

5. 成本

由于各类电容器的生产工艺相差很大,因此价格也相差很大。在满足产品技术要求的情况下,应该尽量选用价格低廉的电容器,以便降低产品成本。

五、利用万用表判断电容器的质量

如果没有专用检测仪器,使用万用表也可以简单判断电容器的质量。

1. 检测小容量电容器

①对于容量大于 5100 pF 的电容器,用万用表的欧姆挡测量电容器的两引线,应该能观察到万用表显示的阻值变化,这是电容器充电的过程。数值稳定后的阻值读数就是电容器的绝缘电阻(也称漏电电阻)。假如数字式万用表显示绝缘电阻在几百千欧姆以下或者指针式万用表的表针停在距∞较远的位置,表明电容器漏电严重,不能使用。

②对于容量小于 5100 pF 的电容器,由于充电时间很快,充电电流很小,直接使用万用表的欧姆挡就很难观察到阻值的变化。这时,可以借助一个 NPN 型三极管的放大作用进行测量。测量电路如图 1.14 所示。电容器接到 A,B 两端,由于晶体管的放大作用,就可以测量到电容器的绝缘电阻。判断方法同上所述。

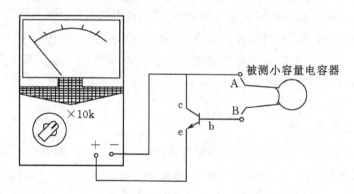

图 1.14　小容量电容器的测量

2. 测量电解电容器

测量电解电容器时,应该注意它的极性。一般来说,电容器正极的引线长一些。测量时万用表内电源的正极与电容器的正极相接,电源负极与电容器负极相接,称为电容器的正接。电容器的正向连接比反向连接时的漏电电阻大。注意:数字式万用表的红表笔内接电源正极,而指针式万用表的黑表笔内接电源正极。

当电解电容器引线的极性无法辨别时,可以根据电解电容器正向连接时绝缘电阻大、反向连接时绝缘电阻小的特征来判别。用万用表红、黑表笔交换来测量电容器的绝缘电阻,绝缘电阻大的一次,连接表内电源正极的表笔所接的就是电容器的正极,另一极为负极。

3. 可变电容器的检测

可变电容器的漏电或碰片短路,也可用万用表的欧姆挡来检查。将万用表的两只表笔分别与可变电容器的定片和动片引出端相连,同时将电容器来回旋转几下,阻值读数应该极大且无变化。如果读数为零或某一较小的数值,说明可变电容器已发生碰片短路或漏电严重。

知识三　电感器和变压器的识别与检测

电感器俗称电感或电感线圈,是利用电磁感应原理制成的元件,在电路中起阻流、变压及传送信号的作用。电感器的应用范围很广泛,它在调谐、振荡、耦合、匹配、滤波、陷波、延迟、补偿及偏转聚焦等电路中都是必不可少的。由于其用途、工作频率、功率及工作环境不同,对电感器的基本参数和结构就有不同的要求,导致电感器类型和结构的多样化。

电感器按工作特征分为电感量固定的和电感量可变的两种类型;按磁导体性质分成空心电感、磁心电感和铜心电感;按绕制方式及其结构分为单层、多层、蜂房式、有骨架式和无骨架式电感。

一、电感器的基本参数

1. 电感量

在没有非线性导磁物质存在的条件下,一个载流线圈的磁通量 Φ 与线圈中的电流,成正比,其比例常数称为自感系数,用 L 表示,简称电感。即

$$L = \frac{\Phi}{I}$$

电感的基本单位是 H(亨),实际常用单位有 mH(毫亨)、μH(微亨)和 nH(纳亨)。

一般电感器的电感量精度在 ±5% ~ ±20% 之间。

2. 固有电容

电感线圈的各匝绕组之间通过空气、绝缘层和骨架而存在着分布电容,同时,在屏蔽罩之间、多层绕组的每层之间、绕组与底板之间也都存在着分布电容。

使用电感线圈时,应使其工作频率远低于线圈的固有频率。为了减小线圈的固有电容,可以减小线圈骨架的直径,用细导线绕制线圈,或者采用间绕法、蜂房式绕法。

3. 品质因数(Q 值)

电感线圈的品质因数定义为

$$Q = \frac{2\pi f L}{r}$$

式中,f 是工作频率(Hz),L 是线圈的电感量(H),r 表示线圈的损耗电阻(Ω),包括直流电阻、高频电阻及介质损耗电阻。

Q 值反映线圈损耗的大小。Q 值越高,损耗功率越小,电路效率越高。一般要求电感器的 Q 值高,以便谐振电路获得更好的选择性。

为提高电感线圈的品质因数,可以采用镀银导线、多股绝缘线绕制线匝,使用高频陶瓷骨架及磁心(提高磁通量)。

4. 额定电流

额定电流即电感线圈中允许通过的最大电流。当电感线圈在供电回路中作为高频扼流圈或在大功率谐振电路里作为谐振电感时,都必须考虑它的额定电流是否符合要求。

5. 稳定性

线圈产生几何变形、温度变化引起的固有电容和漏电损耗增加,都会影响电感器的稳定性。电感线圈的稳定性,通常用电感温度系数和不稳定系数来衡量,它们越大,表示电感线圈的稳定性越差。

温度对电感量的影响,主要是由于导线受热膨胀使线圈产生几何变形而引起的。为减小这一影响,可以采用热绕法(绕制时将导线加热,冷却后导线收缩,紧紧贴合在骨架上)或烧渗法(在高频陶瓷骨架上烧渗一层旋绕的银薄膜,代替原来的导线),保证线圈不变形。

当湿度增大时,线圈的固有电容和漏电损耗增加,也会降低线圈的稳定性。改进的方法是将线圈用绝缘漆或环氧树脂等防潮物质浸渍密封。但这样处理后,由于浸渍材料的介电常数比空气大,会使线匝间的分布电容增大,同时还会引入介质损耗,影响 Q 值。

测量电感器的参数比较复杂,一般都是通过电感测量仪和电桥等专用仪器进行的。同类仪器也很多,具体使用和测量的方法可详见各种仪器的使用说明书。

二、几种常用电感器

1. 小型固定电感器

①结构。有卧式(LG1、LGX 型)和立式(LG2、LG4 型)两种,其外形如图 1.15 所示。

这种电感器是在棒形、工字形或王字形的磁心上直接绕制一定匝数的漆包线或丝包线外表裹覆环氧树脂或封装在塑料壳中。有些环氧树脂封装的固定电感器用色码标注其电感量,故也称为色码电感。

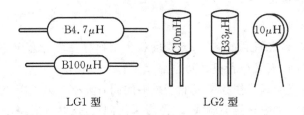

LG1 型   LG2 型

图 1.15 小型固定电感器

小型固定电感器的电感量范围一般为 0.1 μH～10 mH,允许偏差有 I、II、III 三档,分别表示±5%、±10%、±20%。Q 值在 40～80 之间。额定电流用 A、B、C、D、E 档表示,分别代表50 mA、150 mA、300 mA、700 mA、1600 mA。显然,相同电感量的固定电感,A 档的体积最小,E 档的体积最大。

②特点:具有体积小、重量轻、结构牢固(耐震动、耐冲击)、防潮性能好、安装方便等。

2. 平面电感

①结构。主要采用真空蒸发、光刻电镀及塑料包封等工艺,在陶瓷或微晶玻璃片上沉积金属导线制成。目前的工艺水平已经可以在 1 cm² 的面积上制作出电感量为 2 μH 以上的平面

电感。

②特点。平面电感的稳定性、精度和可靠性都比较好,适用在频率范围为几十 MHz 到几百 MHz 的高频电路中。

3. 中频变压器(中周线圈)

①结构。由磁心、磁罩、塑料骨架和金属屏蔽壳组成,线圈绕制在塑料骨架上或直接绕制在磁心上,骨架的插脚可以焊接到印制电路板上。有些中周线圈的磁罩可以旋转调节,有些则是磁心可以旋转调节。调整磁心和磁罩的相对位置,能够在±10%的范围内改变中周线圈的电感量。常用的中周线圈的外形结构如图 1.16 所示,图中单位为 mm。

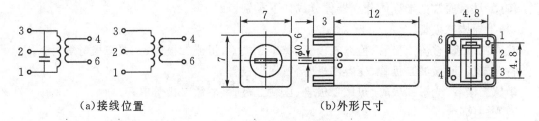

(a)接线位置　　　　　　　　　　(b)外形尺寸

图 1.16　中周线圈

②特点。中周线圈是超外差式无线电设备中的主要元件之一,作为电感元器件,它广泛应用在调幅及调频接收机、电视接收机、通信接收机等电子设备的振荡调谐回路中。由于中周线圈的技术参数根据接收机的设计要求确定,并直接影响接收机的性能指标,所以各种接收机中的中周线圈的参数都不完全一致。为了正确选用,应该针对实际情况,查阅有关资料。

4. 其他电感器

在各种电子设备中,根据不同的电路特点,还有很多结构各异的专用电感器。例如,半导体收音机的磁性天线,电视机中的偏转线圈、振荡线圈等。

三、电感器的测试

1. 通断测量

用万用表测量电感器是最简单的方法。测量时,将万用表选在 R×1Ω 挡或 R×10Ω 挡,表笔接被测电感器的引出线。若表针指示电阻值为无穷大,则说明电感器断路;若电阻值接近于零,则说明电感器正常。除圈数很少的电感器外,如果电阻值为零,说明电感线圈已经短路。

2. 电感量的测量

取一个 10 V 电压的交流电源作为电源,万用表选在 10 V 电压挡,对于刻有电感刻度线的万用表,可以从刻度上直接读出电感量。无电感刻度的万用表,有的把电感刻度印在说明书上,如 MF500 型万用表,可参照说明书读出电感量的具体数值。若需要对电感量进行准确的测量,必须使万用电桥,高频 Q 表或数字式电感、电容表。

知识四　半导体分立器件的识别与检测

半导体分立器件自 20 世纪 50 年代问世以来,曾为电子产品的发展起到重要的作用。现在,虽然集成电路已经广泛使用,并在不少场合取代了晶体管,但是应该相信,晶体管到任何时候都不会被全部废弃。因为晶体管有其自身的特点,还会在电子产品中发挥其他元器件所不能取代的作用,所以,晶体管不仅不会被淘汰,而且一定还将有所发展。

晶体管的应用原理、性能特点等知识,在电子学课程中已经详细介绍过,这里简要介绍实际应用中的工艺知识。

一、常用半导体分立器件及其分类

1. 半导体分立器件分类

按照习惯,通常把半导体分立器件分成如下类别。

(1)半导体二极管

普通二极管:整流二极管、检波二极管、稳压二极管、恒流二极管、开关二极管等;

特殊二极管:微波二极管、变容二极管、雪崩二极管等;

敏感二极管:光敏二极管、热敏二极管、压敏二极管、磁敏二极管等;

发光二极管。

(2)双极型晶体管

锗管:高频小功率管(合金型、扩散型),低频大功率管(合金型、台面型);

硅管:低频大功率管、大功率高压管(扩散型、扩散台面型、外延型),高频小功率管、超高频小功率管、高速开关管(外延平面工艺),低噪声管、微波低噪声管、超 β 管(外延平面工艺、薄外延、钝化技术),高频大功率管、微波功率管(外延平面型、覆盖型、网状结构、复合型);

专用器件:单结晶体管、可编程单结晶体管。

2. 场效应管

结型硅管:N 沟道(外延平面型)、P 沟道(双扩散型)、隐埋栅、V 沟道(微波大功率);

结型砷化镓管:肖特基势垒栅(微波低噪声、微波大功率);

硅 MOS 耗尽型:N 沟道、P 沟道;

硅 MOS 增强型:N 沟道、P 沟道。

3. 常用半导体分立器件的一般特点

(1)二极管

按照结构工艺的不同,半导体二极管可以分为点接触型和面接触型。因为点接触型二极管 PN 结的接触面积小,结电容小,适用于高频电路,但允许通过的电流和承受的反向电压也比较小,所以只适合在检波、变频等电路中使用;面接触型二极管 PN 结的接触面积大,结电容比较大,不适合在高频电路中使用,但它可以通过较大的电流,多用于频率较低的整流电路。

半导体二极管可以用锗材料或用硅材料制造。锗二极管的正向电阻很小,正向导通电压约为 0.2 V,但反向漏电流大,温度稳定性较差,如今在大部分场合被肖特基二极管(正向导通电压约为 0.2 V)取代;硅二极管的反向漏电流比锗二极管小很多,缺点是需要较高的正向电压(约 0.5～0.7 V)才能导通,只适用于信号较强的电路。

二极管应该按照极性接入电路。大部分情况下,应该使二极管的正极(或称阳极)接电路的高电位端,负极(或称阴极)接低电位端;而稳压二极管的负极要接电路的高电位端,其正极接电路的低电位端。

在采用国产元器件的电子产品中,常用的检波二极管多为 2AP 型,常用的整流二极管多为 2CP 或 2CZ 型,稳压二极管多为 2CW 型,开关二极管多为 2CK 型,变容二极管常用的型号为 2CC 型。

(2)双极型三极管

三极管的种类很多,按照结构工艺分类,有 PNP 型和 NPN 型;按照制造材料分类,有锗管和硅管。锗管的导通电压低,更适合在低电压电路中工作,但是硅管的温度特性比锗管稳定,穿透电流 I_{ceo} 很小。按照工作频率分类,低频管可以用在工作频率为 3 MHz 以下的电路中;高频管的工作频率可以达到几百兆赫甚至更高。按照集电极耗散的功率分类,小功率管的额定功耗在 1W 以下,而大功率管的额定功耗可达几十瓦以上。

(3)场效应晶体管

和普通双极型三极管相比,场效应晶体管有很多特点。从控制作用来看,三极管是电流控制器件,而场效应管是电压控制器件。场效应晶体管栅极的输入电阻非常高,一般可达几百兆欧姆甚至几千兆欧姆,所以对栅极施加电压时,基本上不取电流,这是一般三极管不能与之相比的。另外,场效应管还具有噪声低、动态范围大等优点。场效应晶体管广泛应用于数字电路、通信设备和仪器仪表,已经在很多场合取代了双极型三极管。

场效应晶体管的三个电极分别叫做漏极(D)、源极(S)和栅极(G),可以把它们类比作普通三极管的 c、e、b 三极,而且 D、S 极能够互换使用。场效应管分为结型场效应管和绝缘栅型场效应管两种。

二、半导体分立器件的型号命名

自从国产半导体分立器件问世以来,国家就对半导体分立器件的型号命名制定了统一的标准。但是,近年来国内生产半导体器件的厂家纷纷引进国外的先进生产技术,购入原材料、生产设备及全套工艺标准,或者直接购入器件管芯进行封装。因此,市场上多见的是按照日本、欧洲及美国产品型号命名的半导体器件,符合我国标准命名的器件反而不易买到。在选用进口半导体器件时,应该仔细查阅有关技术资料,比较性能指标。

1.国产半导体分立器件的型号命名

根据中华人民共和国国家标准半导体器件型号命名方法(GB 249—74),器件型号由 5 部分组成,型号命名如表 1.8 所示,型号命名方法如图 1.17。

表 1.8 国产半导体分立器件的型号命名

第一部分		第二部分		第三部分		第四部分	第五部分
用数字表示器件电极数目		用汉语拼音字母表示器件的材料和类型		用汉语拼音字母表示器件的用途和类型		用数字表示器件序号	用汉语拼音字母表示规格号
符号	意义	符号	意义	符号	意义		
2	二极管	A	N 型锗	P	普通管		
		B	P 型锗	K	开关管		
		C	N 型硅	W	稳压管		
		D	P 型硅	C	参量管		
				V	微波管		
				N	阻尼管		
				Z	整流管		
3	三极管	A	PNP 锗	X	低频小功率管 $(f_T<3\mathrm{MHz},P_c<1\mathrm{W})$		
		B	NPN 锗	D	低频大功率管 $(f_T<3\mathrm{MHz},P_c\geqslant1\mathrm{W})$		
		C	PNP 硅	G	高频小功率管 $(f_T>3\mathrm{MHz},P_c<1\mathrm{W})$		
		D	NPN 硅	A	高频大功率管 $(f_T<3\mathrm{MHz},P_c\geqslant1\mathrm{W})$		
		E	化合物	U	光电器件		

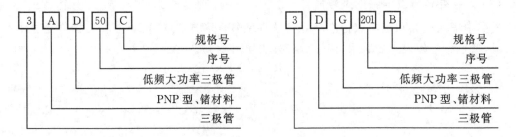

图 1.17 半导体器件命名方法

例如:锗材料 PNP 型低频大功率三极管、硅材料 NPN 型高频小功率三极管。

2. 美国半导体分立器件的型号命名

美国半导体分立器件的型号命名如表 1.9 所示。

表 1.9 美国半导体分立器件的型号命名

第一部分		第二部分		第三部分		第四部分	第五部分
用符号表示器件的类型		用数字表示 PN 结的数目		登记标志		用多位数字表示登记号	用字母表示器件分档
符号	意义	符号	意义	符号	意义	意义	意义
JAN 或 J —	军用品 非军用品	1 2 3 … n	二极管 三极管 3 个 PN 结器件 n 个 PN 结器件	N	已经在美国电子工业协会（EIA）注册登记	在美国电子工业协会的注册登记号	同一型号的不同档次

3. 日本半导体分立器件的型号命名

日本半导体分立器件获其他国家按日本专利生产的这种器件，都是按照日本工业标准（JIS）规定的命名法（JIS—C—702）命名的。

日本半导体分立器件的型号，由五至七部分组成，通常只用到前五部分，符号及意义如表 1.10 所示。第六、七部分的符号及意义通常是各公司自行制定的。

表 1.10 日本半导体分立器件的型号命名

第一部分		第二部分		第三部分		第四部分	第五部分
用数字表示器件的有效电极数目或类型		注册标志		用字母表示器件的使用材料极性类别		用多位数字表示登记号	用字母表示改进型标志
符号	意义	符号	意义	符号	意义	意义	意义
0 1 2 3 4 ⋮ n−1	光电二极管或光电三极管或包括上述器件的组合管 二极管 三极管或具有三个电极的其他器件 具有四个有效电极的器件 具有 n 个有效电极的器件	S	已经在日本电子工业协会（JEIA）注册登记的半导体器件	A B C D E G H J K M	PNP 高频晶体管 PNP 低频晶体管 NPN 高频晶体管 NPN 低频晶体管 P 控制极晶闸管 N 控制极晶闸管 基极单结晶体管 P 沟道场效应管 N 沟道场效应管 双向可控硅	此器件是在日本电子工业协会的注册登记号，不同厂家生产的性能相同的器件可以使用同一登记号	此器件是原型号产品的改进型

4. 国际电子联合会半导体器件型号命名

国际电子联合会半导体器件型号命名如表 1.11 所示。

表 1.11　国际电子联合会半导体器件型号命名

第一部分		第二部分				第三部分		第四部分	
用字母表示器件使用的材料		用字母表示器件的类型及主要特征				用数字或字母加数字表示登记号		用字母对同型号进行分档	
符号	意义	符号	意义	符号	意义	符号	意义	符号	意义
A	锗材料	A	检波、开关、混频二极管	M	封闭磁路中的霍尔元件	三位数字	用半导体器件的登记序号	A B C D E …	同型号的器件按某一参数进行分档的标志 一号器件按一数行档
		B	变容二极管	P	光敏器件				
B	硅材料	C	低频小功率三极管	Q	发光器件				
		D	低频大功率三极管	R	小功率晶闸管				
C	砷化镓	E	隧道二极管	S	小功率开关管				
		F	高频小功率三极管	T	大功率晶闸管	一个字母加二位数字	专用半导体器件的登记序号		
D	锑化铟	G	复合器件及其他器件	U	功率开关管				
		H	磁敏二极管	X	倍增二极管				
R	复合材料	K	开放磁路中的霍尔元件	Y	整流二极管				
		L	高频大功率三极管	Z	稳压二极管				

三、半导体分立器件的封装及管脚

目前,常见的器件封装多塑料封装或金属封装,也能见到玻璃封装的二极管和陶瓷封装的三极管。金属外壳装的晶体管可靠性高、散热好并容易加装散热片,但造价比较高。塑料封装的晶体管造价低,应用广泛。

四、选用半导体分立器件的注意事项

晶体管正常工作需要一定的条件。如果工作条件超过允许的范围,则晶体管不能正常工作,甚至造成永久性的损坏。为使晶体管能够长期稳定运行,必须注意下列事项。

1.二极管

①切勿使电压、电流超过器件手册中规定的极限值,并应根据设计原则选取一定的裕量。

②允许使用小功率电烙铁进行焊接,焊接时间应该小于 5s,在焊接点接触型二极管时,要注意保证焊点与管心之间有良好的散热。

③玻璃封装的二极管引线的弯曲处距离管体不能太近,一般至少 2mm。

④安装二极管的位置尽量不要靠近电路中的发热元器件。

⑤接入电路时要注意二极管的极性。通常,一般二极管的阳极接电路的高电位端,阴极接低电位端;而稳压二极管则与此相反。

2.三极管

使用三极管的注意事项与二极管基本相同,此外还有如下几点事项须注意。

①安装时要分清不同电极的管脚位置,焊点距离管壳不要太近,一般三极管应该距离印制板 2～3mm 以上。

②大功率管的散热器与管壳的接触面应该平整、光滑,中间应该涂抹导热硅脂以便减小热阻并减少腐蚀;要保证固定三极管的螺丝钉松紧一致。

③对于大功率管,特别是外延型高频功率管,在使用中要防止二次击穿。为了防止二次击穿,就必须大大降低三极管的使用功率和工作电压。其安全工作区的判定,应该依据厂家提供的资料,或在使用前进行必要的检测筛选。

注意:大功率管的功耗能力并不服从等功耗规律,而是随着工作电压的升高其耗散功率相应减小。对于相同功率的三极管而言,低电压、大电流的工作条件要比在高电压、小电流下使用更为安全。

3.场效应管

①结型场效应管和一般晶体三极管的使用注意事项相类似。

②对于绝缘栅型场效应管,应该特别注意避免栅极悬空,即栅、源两极之间必须经常保持直流通路。因为它的输入阻抗非常高,所以栅极上的感应电荷就很难通过输入电阻泄漏,电荷的积累使静电电压升高,尤其是在极间电容较小的情况下,少量电荷就会产生很高的电压,以至往往管子还未经使用,就已被击穿或出现性能下降的现象。

为了避免由于上述原因对绝缘栅型场效应管造成损坏,在存放时应把它的三个电极短路;在采用绝缘栅型场效应管的电路中,通常是在它的栅、源两极之间接入一个电阻或稳压二极管,使积累电荷不致过多或使电压不致超过某一界限;焊接、测试时应该采取防静电措施,电烙铁和仪器等都要有良好的接地线;使用绝缘栅型场效应管的电路和整机,外壳必须良好接地。

知识五　集成电路的识别与检测

集成电路是利用半导体工艺或厚膜、薄膜工艺,将电阻、电容、二极管、双极型三极管、场效应晶体管等元器件按照设计要求连接起来,制作在同一硅片上,成为具有特定功能的电路。这种器件打破了电路的传统概念,实现了材料、元器件、电路的三位一体,与分立元器件组成的电路相比,具有体积小、功耗低、性能好、重量轻、可靠性高及成本低等许多优点。

几十年来,在集成电路的制造技术迅速发展的同时,集成电路得到了极其广泛的应用。

一、集成电路的基本类别

对集成电路分类,是一个很复杂的问题,分类方法有很多种:按制造工艺分类、按基本单元核心器件分类、按集成度分类、按电气功能分类、按应用环境条件分类、按通用或专用的程度分类等。

(1)按照制造工艺分类

集成电路可以分为：半导体集成电路、薄膜集成电路、厚膜集成电路、混合集成电路。

用厚膜工艺(真空蒸发、溅射)或薄膜工艺(丝网印刷、烧结)将电阻、电容等无源元件连接制作在同一片绝缘衬底上，再焊接上晶体管管芯，使其具有特定的功能，叫做厚膜或薄膜集成电路。如果再连接上单片集成电路，则称为混合集成电路。这3种集成电路通常为某种电子整机产品专门设计而专用。

用平面工艺氧化、光刻、扩散、外延工艺)在半导体晶片上制成的电路称为半导体集成电路(也称单片集成电路)。这种集成电路作为独立的商品，品种最多，应用最广泛，一般所说的集成电路就是指半导体集成电路。

(2)按照基本单元核心器件分类

半导体集成电路可以分为：双极型集成电路、MOS型集成电路、双极-MOS型(BIMOS)集成电路。

用双极型三极管或MOS场效应晶体管作为基本单元的核心器件，可以分别制成双极型集成电路或MOS型集成电路。由MOS器件作为输入级、双极型器件作为输出级电路的双极-MOS型(BIMOS)集成电路，结合了以上两者的优点，具有更强的驱动能力而且功耗较小。

(3)按照集成度分类

有小规模(集成了几个门电路或几十个元件)、中规模(集成了一百个门或几百个元件以上)、大规模(一万个门或十万个元件)及超大规模(十万个元件以上)集成电路。

(4)按照电气功能分类

一般可以把集成电路分成数字和模拟集成电路两大类，如表1.12所示。这种分类方法可以算是一种传统的方法，近年来由于技术的进步，新的集成电路层出不穷，已经有越来越多的品种难以简单地照此归类。

①数字集成电路。数字电路是能够传输"0"和"1"两种状态信息并完成逻辑运算的电路。与模拟电路相比，数字电路的工作形式简单、种类较少、通用性强、对元件的精度要求不高。数字电路中最基本的逻辑关系有"与"、"或"、"非"3种，再由它们组合成各类门电路和具有某一特定功能的逻辑电路，如触发器、计数器、寄存器、译码器等。按照逻辑电平的定义，数字电路分为正逻辑和负逻辑的两种。正逻辑是用"1"状态表示高电平，"0"状态表示低电平，而负逻辑则与其相反。

在各种集成电路中，衡量器件性能的一项重要指标是工作速度。对于TTL(也称晶体管—晶体管逻辑)数字电路来说，传输速度可以做得很高，这是MOS电路所不及的。另外，在双极型集成电路中，电路有一般为低速的DTL(二极管—晶体管逻辑)电路、高速的ECL(高速逻辑)电路，以及HTL(高阈值逻辑)电路。

常用的双极型数字集成电路有54XX、74XX、74LSXX系列。

表 1.12　半导体集成电路的分类

数字集成电路	逻辑电路	门电路、触发器、计数器、加法器、延时器、锁存器等 算术逻辑单元、编码器、译码器、脉冲发生器、多谐振荡器 可编程逻辑器件(PAL,GAL,FPGA、ISP) 特殊数字电路
	微处理器	通用微处理器、单片机电路 数字信号处理器(DSP) 通用/专用支持电路 特殊微处理器
	存储器	动态/静态 RAM ROM、PROM、EPROM、E²PROM 特殊存储器件
模拟集成电路	接口电路	缓冲器、驱动器 A/D,D/A,电平转换器 模拟开关、模拟多路器、数字多路选择器 采样,保持电路 特殊接口电路
	光电器件	光电传输器件 光发送/接收器件 光电耦合器、光电开关 特殊光电器件
	音频,视频电路	音频放大器、音频,射频信号处理器 视频电路、电视机电路 音频/视频数字处理电路 特殊音频/视频电路
	线性电路	线性放大器、模拟信号处理器、特殊线性电路 运算放大器、电压比较器、乘法器 电压调整器、基准电压电路

　　MOS 型数字集成电路包括 CMOS、PMOS 及 NMOS 三大类,具有构造简单、集成度高、功耗低、抗干扰能力强以及工作温度范围大等特点。因此,MOS 型数字集成电路已广泛应用于计算机电路。近年来,PMOS、NMOS 器件已经趋于淘汰。

　　常用的 CMOS 型数字集成电路有 4000、74HCXX 系列。

　　大规模数字集成电路(LSI)同普通集成电路一样,也分为双极型和 MOS 型两大类。

　　由于 MOS 型电路具有集成度易于提高、制造工艺简单、成品率高、功耗低等许多优点,所以 LSI 电路多为 MOS 电路,计算机电路中的 CPU、ROM(只读存储器)、RAM(随机存储器)、EPROM(可编程只读存储器)以及多种电路均属于此类。

　　②模拟集成电路。除了数字集成电路之外,其余的集成电路统称为模拟集成电路。模拟集成电路的精度高、种类多、通用性小。按照电路输入信号和输出信号的关系,模拟集成电路

还分类为线性集成电路和非线性集成电路。

线性集成电路指输出、输入信号呈线性关系的集成电路。它以直流放大器为核心，可以对模拟信号进行加、减、乘、除以及微分、积分等各种数学运算，所以又称为运算放大器。线性集成电路广泛应用在消费类、自动控制及医疗电子仪器等设备上。这类电路的型号很多，功能多样。根据功能可分类如下：

（a）一般型。低增益、中增益、高增益、高精度；

（b）特殊型。高输入阻抗、低漂移、低功耗、高速度。

非线性集成电路大多是特殊集成电路，其输入、输出信号通常是模拟一数字、交流一直流、高频一低频、正一负极性信号的混合，很难用某种模式统一起来。例如，用于通信设备的混频器、振荡器、检波器、鉴频器、鉴相器，用于工业检测控制的模一数隔离放大器、交一直流变换器，稳压电路及各种消费类家用电器中的专用集成电路，都是非线性集成电路。

（5）按照通用或专用的程度分类

集成电路还可以分为通用型、半专用、专用等几个类型。

半专用集成电路也叫半定制集成电路（SCIC），是指那些由器件制造厂商提供母片，再经整机厂用户根据需要确定电气性能和电路逻辑的集成电路。常见的半专用集成电路有门阵列（GA）、标准单元器件（CSIC；）、可编程逻辑器件（PLD）、模拟阵列和数字一模拟混合阵列等。

专用集成电路也叫定制集成电路（ASIC），是整机厂用户根据本企业产品的设计要求，从器件制造厂专门定制、专用于本企业产品的集成电路。

显然，从有利于采用法律手段保护知识产权、实现技术保密的角度看，ASIC集成电路最好，SCIC比通用集成电路好；从技术上讲，ASIC、SCIC芯片的功能更强、性能更稳定，大批量生产的成本更低。

（6）按应用环境条件分类

集成电路的质量等级分为军用级、工业级和商业（民用）级。在军事工业、航天及航空等领域，环境条件恶劣，装配密度高，军用级集成电路应该有极高的可靠性和温度稳定性，对价格的要求退居其次；商业级集成电路工作在一般环境条件下，保证一定的可靠性和技术指标，追求更低廉的价格；工业级集成电路是介于二者之间的产品，但不是所有集成电路都有这三个等级的品种。一般说来，对于相同功能的集成电路，工业级芯片的单价是商业级芯片的两倍以上，而军用级芯片的单价则可能达到商业级芯片的4～10倍。

近年来，集成电路的发展十分迅速，特别是中、大规模集成电路的发展，使各种性能的通用、专用集成电路大量涌现，其类别之广、型号之多令人眼花缭乱。国外各大公司生产的集成电路在推出时已经自成系列，但除了表示公司标志的电路型号字头有所不同以外，一般来说在数字序号上基本是一致的。大部分数字序号相同的器件，功能差别不大可以代换。因此，在使用国外集成电路时，应该查阅手册或几家公司的产品型号对照表，以便正确选用器件。

近年来，国内半导体器件的生产厂家通过技术设备引进，在发展微电子产品技术方面取得了一些进步。国家标准规定，国产半导体集成电路的型号命名由5部分组成，如表1.13所示。

过去，国产集成电路大部分按照旧的国家标准命名，也有一些是按照企业自己规定的标准命名；现在，新的国家标准规定，国产集成电路的命名方法和国际接轨，如表1.13所示。因此，如果选用按照国家标准命名的集成电路，应该检索厂家的产品手册以及性能对照表。不过，采用国家标准命名的集成电路目前在市场上不易见到。

表 1.13　国产半导体集成电路型号命名

第一部分		第二部分		第三部分	第四部分		第五部分	
用数字表示器件		字母表示器件的类型		数字表示器件的系列和品种代号	字母表示器件的工作温度范围/℃		字母表示器件的封装形式	
符号	意义	符号	意义		符号	意义	符号	意义
C	中国制造	T H E C F D W J B M M AD DA S	TTL 电路 HTL 电路 ECL 电路 CMOS 电路 线性放大器 音响电路 稳压器 接口电路 非线性电路 存储器 微处理器 模-数转换器 数-模转换器 特殊电路	与国际接轨	C E R M	0～+70 -40～+85 -55～+85 -55～+125	W B F D P J H K T	陶瓷扁平封装 塑料扁平封装 全密封扁平封装 陶瓷直插封装 塑料直插封装 玻璃直插封装 玻璃扁平封装 金属壳菱形封装 金属壳圆形封装

进口集成电路的型号命名一般是用前几位字母符号表示制造厂商,用数字表示器件的系列和品种代号。常见的外国公司生产的集成电路的字头符号如表 1.14 所示。

表 1.14　常见的外国公司生产的集成电路的字头符

字头符号	生产厂商名称	字头符号	生产厂商名称
AN、DN	日本,松下	UA、F、SH	美国,仙童
LA、LB、STK、LD	日本,三洋	IM、ICM、ICL	美国,英特尔
HA、HD、HM、HN	日本,日立	UCN、UDN、UGN、ULN	美国,斯普拉格
TA、TC、TD、TL、TM	日本,东芝	SAK、SAJ、SAT	美国,ITT
MPA、MPB、μpc、μpd	日本,日电	TAA、TBA、TCA、TDA	欧洲,电子联盟
CX、CXA、CXB、CXD	日本,索尼	SAB、SAS	德国,SIGE
MC、MCM	美国,摩托洛拉	ML、MH	加拿大,米特尔

二、集成电路的封装

集成电路的封装,按材料基本分为金属、陶瓷、塑料三类,按电极引脚的形式分为通孔插装式及表面安装式两类。这几种封装形式各有特点,应用领域也有区别。这里主要介绍通孔插装式引脚的集成电路封装。

1. 金属封装

金属封装散热性好、电磁屏蔽好、可靠性高,但安装不够方便,成本较高。这种封装形式常见于高精度集成电路或大功率器件。符合国家标准的金属封装有 Y 型和 K 型两种,外形如图 1.18 所示。

2. 陶瓷封装

采用陶瓷封装的集成电路导热好且耐高温,但成本比塑料封装高,所以一般都是高档芯片。参见图 1.18,国家标准规定的陶瓷封装集成电路可分为扁平型(w 型,见图 1.19(a)和双列直插型(D 型,国外一般称为 DIP 型,见图 1.19(b))两种。但 W 型封装的陶瓷扁平集成电路的水平引脚较长,现在被引脚较短的 SMT 封装所取代,已经很少见到。直插型陶瓷封装的集成电路,随着引脚数的增加,发展为 CPGA(Ceramic Pin Grid Array)形式,如图 1.19(c)所示为微处理器 80586(Pentium CPU)的陶瓷 PGA 型封装。

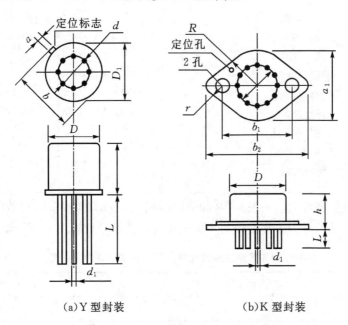

(a)Y 型封装　　　　　　　　　　(b)K 型封装

图 1.18　金属封装集成电路

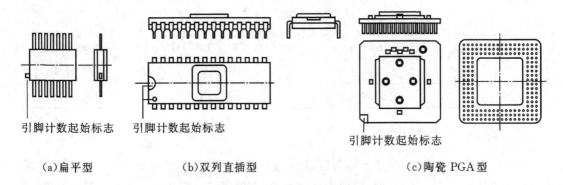

(a)扁平型　　　　　(b)双列直插型　　　　　(c)陶瓷 PGA 型

图 1.19　陶瓷封装集成电路

3.塑料封装

这是最常见的封装形式,其最大特点是工艺简单、成本低,因而被广泛使用。国家标准规定的塑料封装的形式,可分为扁平型(B型)和直插型(D型)两种。

随着集成电路品种规格的增加和集成度的提高,电路的封装已经成为一个专业性很强的工艺技术领域。现在,国内外的集成电路封装名称逐渐趋于一致,不论是陶瓷材料的还是塑料材料的,均按集成电路的引脚布置形式来区分。如图1.18所示为常见的几种集成电路封装。

图1.20(a)是塑料PSIP单列封装(Plastic Single In-line Package,PSIP)。

图1.20(b)是塑料PV-DIP型封装(Plastic Vertical Dual In-line Package,PV-DIP)。

图1.20(c)是塑料PZIP型封装(Plastic Zigzag In-line Package,PZIP)。

以上3种封装,多用于音频前置放大、功率放大集成电路。

图1.20(d)是塑料PDIP型封装(Clastic Dual In-line Package,PDIP)。

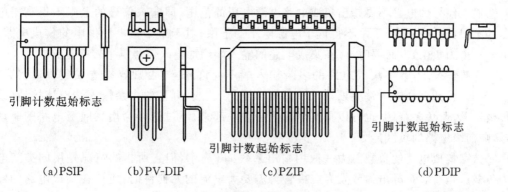

(a)PSIP　　　(b)PV-DIP　　　(c)PZIP　　　(d)PDIP

图1.20 常见的塑料封装集成电路

4.集成电路的引脚分布和计数

集成电路是多引脚器件,在电路原理图上,引脚的位置可以根据信号的流向摆放,但在电路板上安装芯片,就必须严格按照引脚的分布位置和计数方向插装。绝大多数集成电路相邻两个引脚的间距是2.54mm(100mil),宽间距的是5.08mm(200mil),窄间距的是1.778mm(70mil);DIP封装芯片两列引脚之间的距离是7.62mm(300mil)或15.24mm(600mil)。

集成电路的表面一般都有引脚计数起始标志,在DIP封装集成电路上,有一个圆形凹坑或弧形凹口:当起始标志位于芯片的左边时,芯片左下方,离这个标志最近的引脚被定义为集成电路的第1脚,按逆时针方向计数,顺序定义为第2脚、第3脚…。有些芯片的封装被斜着切去一个角或印上一个色条作为引脚计数起始标志,离它最近的引脚也是第1脚,其余引脚按逆时针方向计数。图1.19和图1.20中的集成电路都画出了引脚计数起始标志。

三、使用集成电路的注意事项

1.工艺筛选

工艺筛选的目的在于将一些可能早期失效的元器件及时淘汰,保评整机产品的可靠性。由于从正常渠道供货的集成电路在出厂前都要进行多项筛选试验,可靠性通常都很高,用户在一般情况下也就不需要进行老化或筛选了。问题在于,近年来集成电路的市场情况比较混乱,常有一些从非正常渠道进货的次品鱼目混珠。所以,实行了科学质量管理的企业,都把元器件的使用筛选作为整机产品生产的第一道工序。特别是那些对于设备及系统的可靠性要求很高的产品,更必须对元器件进行使用筛选。

事实上,每一种集成电路都有多项技术指标,而对于使用这种集成电路的具体产品,往往并不需要用到它的全部功能以及技术指标的极限。这样,就为元器件的使用筛选留出了很宽的余地。有经验的电子工程技术人员都知道,对廉价元器件进行关键指标的使用筛选,既可以保证产品的可靠性,也有利于降低产品的成本。

2. 使用注意事项

①在使用集成电路时,其负荷不允许超过极限值;当电源电压变化不超出额定值±10%的范围时,集成电路的电气参数应符合规定标准;在接通或断开电源的瞬间,不得有高电压产生,否则将会击穿集成电路。

②输入信号的电平不得超出集成电路电源电压的范围(即输入信号的上限不得高于电源电压的上限,输入信号的下限不得低于电源电压的下限;对于单个正电源供电的集成电路,输入电平不得为负值)。必要时,应在集成电路的输入端增加输入信号电平转换电路。

③一般情况下,数字集成电路的多余输入端不允许悬空,否则容易造成逻辑错误。"与门"、"与非门"的多余输入端应该接电源正极,"或门"、"或非门"的多余输入端应该接地(或电源负极)。为避免多余端,也可以把几个输入端并联起来,不过这样会增大前级电路的驱动电流,影响前级电路的负载能力。

④数字集成电路的负载能力一般用扇出系数 N0 表示,但它所指的情况是用同类门电路作为负载。当负载是继电器或发光二极管等需要大电流的元器件时,应该在集成电路的输出端增加驱动电路。

⑤使用模拟集成电路前,要仔细查阅它的技术说明书和典型应用电路,特别注意外围元器件的配置,保证工作电路符合规范。对线性放大集成电路,要注意调整零点漂移、防止信号堵塞、消除自激振荡。

⑥商业级集成电路的使用温度一般在 0～70 ℃之间。在系统布局时,应使集成电路尽量远离热源。

⑦在手工焊接电子产品时,一般应该最后装配焊接集成电路;不要使用额定功率大于 45 w 的电烙铁,每次焊接时间不得超过 10 s。

⑧对于 MOS 集成电路,要特别防止栅极静电感应击穿。一切测试仪器(特别是信号发生器和交流测量仪器)、电烙铁以及线路本身,均须良好接地。当 MOS 电路的 D—S 电压加载时,若 G 输入端悬空,很容易因静电感应造成击穿,损坏集成电路。对于使用机械开关转换输入状态的电路,为避免输入端在拨动开关的瞬间悬空,应该在输入端接一个几十千欧的电阻到电源正极(或负极)上。此外,在存储 MOS 集成电路时,必须将其收藏在防静电盒内或用金属箔包装,防止外界电场将栅极击穿。

知识六　表面贴装元器件

表面贴装元器件(SMC/SMD)是具有微小型化、无引线、便于在印制电路板上进行表面组装的特点的电子元件。它目前在航天、通信、计算机、便携式仪器、医疗设备等领域得到了广泛应用。

1. 表面贴装元器件的特点

表面贴装元器件也称贴片式元器件或片状元器件。与传统元器件相比,它主要有如下特点。

①在表面贴装元器件的电极上,有些焊端完全没有引线,有些只有非常短小的引线;其相邻电极之间的距离比传统的双列直插式集成电路的引线间距(2.54mm)小得多。目前,其引脚中心最小的间距已经达到了0.3mm。另外,在集成度相同的情况下,表面贴装元器件的体积比传统的元器件小很多。或者说,与同样体积的传统电路芯片比较,表面贴装元器件的集成度提高了很多。

②表面贴装元器件直接贴在了印制电路板的表面,且其电极焊接在与元器件同一面的焊盘上。这样一来,印制电路板上的通孔只起到电路连通导线的作用,而且通孔的直径仅由制作印制电路板时金属化孔的工艺水平决定,再加上通孔的周围没有焊盘,因此使得印制电路板的布线密度大大提高。

2. 表面贴装元器件的类型

表面贴装元器件按功能分类可分为有源(SMD)、无源(SMC)两种;按结构分类可分为矩形、圆柱形和异形。其分类情况可用图1.21表示。

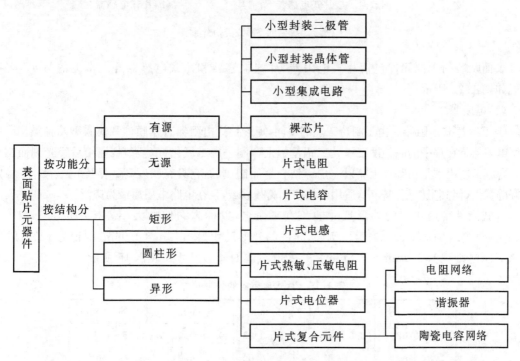

图 1.21 表面贴装元器件的分类

3. 常用的表面贴装元器件

1)无源元件(SMC)

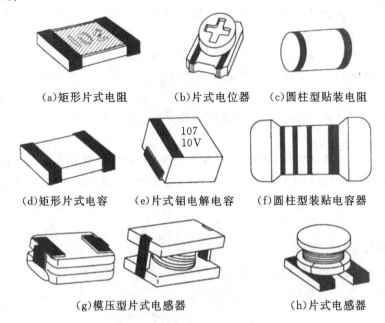

(a)矩形片式电阻   (b)片式电位器   (c)圆柱型贴装电阻

(d)矩形片式电容   (e)片式钽电解电容   (f)圆柱型装贴电容器

(g)模压型片式电感器   (h)片式电感器

图 1.22　常见的 SMC 实物外形图

表面贴装的无源元件包括片式电阻器、片式电容器和片式电感器等。常见的 SMC 实物外形如图 1.22 所示。

(1)电阻器

①矩形片式电阻器。由于制造工艺的不同,矩形片式电阻器有厚膜型和薄膜型两种类型。厚膜型电阻器是在扁平的高纯度三氧化二铝基板上印制一层二氧化钌基浆料,烧结后经光刻而制成的。薄膜型电阻器是在基体上喷射一层镍铬合金而制成的,它具有精度高、电阻温度系数小、稳定性好等优点,但其阻值范围较窄,适用于精密和高频领域,且在电路中用途最为广泛。

片式元件常用它们的外形尺寸的长宽来命名,以标志它们的大小。其单位为 in(1in＝25.4 mm)或用 SI 制(mm)表示。例如,元件的外形尺寸为 0.12in×0.06in,则记为 1206;用 SI 制来表示时则记为 3.2mm×1.6mm。片式电阻器的外形尺寸如表 1.15 所示。

表 1.15　片式电阻器的外形尺寸

尺　寸　号	长/mm	宽/mm	高/mm	断头宽度/mm
RC0202	0.6±0.03	0.3±0.03	0.3±0.03	0.15~0.18
RC0402	1.00±0.13	0.5±0.03	0.3±0.03	0.3±0.03
RC0603	1.56±0.03	0.8±0.03	0.4±0.03	0.3±0.03
RC0805	1.8~2.2	1.0~1.4	0.3~0.7	0.3~0.6
RC1206	3.0~3.4	1.4~1.8	0.4~0.7	0.4~0.7
RC1210	3.0~3.4	2.3~2.7	0.4~0.7	0.4~0.7

片式电阻器的精度为：E12 系列为±10%；E24 系列为±5%；E96 系列为±1%。片式电阻器的功率与外形尺寸的对应关系如表 1.16 所示。

表 1.16　片式电阻器的功率与外形尺寸的对应关系

型号	0805	1206	1210
功率/W	1/16	1/8	1/4

②圆柱形贴装电阻器。圆柱形贴装电阻器也称金属电极无端子端面元件，主要有碳膜 ERD 型、高性能金属膜 ERO 型及跨接用的 0 Ω 型电阻三种。

与片式电阻相比，它具有无方向性和正反面性、包装使用方便、装配密度高、抗弯能力较高、噪声电平和三次谐波失真都比较低等许多优点，常用于高档音响电器产品中。

圆柱形贴装电阻器的制造过程为：首先在高铝陶瓷基体上覆上金属膜或碳膜，然后在两端压上金属帽电极，采用刻螺纹槽的方法调整电阻值，并在表面涂上耐热漆密封，最后根据电阻值涂上色码标志。

圆柱形贴装电阻器的主要技术特征和额定值如表 1.17 所示。

表 1.17　圆柱形贴装电阻器的主要技术特征和额定值

型号 项目	碳 膜			金属膜		
	ERD-21TL	ERD-10TLO	ERD-25TL	ERO-21L	ERO-10L	ERO-25L
使用环境温度/℃	−55～+155			−55～+150		
额定功率/W	0.125	最高额定电流为 2A	0.25	0.125	0.125	0.25
最高使用电压/V	150		300	150	150	150
最高过载电压/V	200		600	200	300	500
标称阻值范围/Ω	1～1M		1～2.2M	100～200k	21～301k	1～1M
阻值允许偏差/%	(J±5)	≤500mΩ	(J±5)	(F±5)	(F±1)	(F±1)
电阻温度系数/ (10^{-6}/℃)	−1300/350		−1300/350	±10	±100	±100
质量/(g/1000 个)	10	17	66	10	17	66

③片式电位器。片式电位器包括片状、圆柱状、扁平矩形结构等各类电位器，在电路中起调节电压和电阻的作用。它具有四种不同的外形结构，分别是敞开式、防尘式、微调式和全密封式。片式电位器的型号有 3 型、4 型和 6 型，其外形尺寸如表 1.18 所示。

表 1.18　片式电位器的外形尺寸

型号	尺寸[长×宽×高]/mm		型 号	尺寸[长×宽×高]/mm	
3 型	3×3.2×2	3×3×1.6	4 型	4.5×5×2.5	4×4.5×2.2
6 型	6×6×4	φ6×4.5		3.8×4.5×2.4	4×4.5×1.8
				4×5×2	4×4.5×2

(2)电容器

①多层片状瓷介电容器。多层片状瓷介电容器在实际应用中大约占 80%，通常是无引线

矩形三层结构。由于电容器的端电极、金属电极、介质三者的热膨胀系数不同,所以在焊接过程中升温速度不能过快,否则易造成电容器的损坏。

多层片状瓷介电容器根据用途可分为 I 类陶瓷电容器(国产型号是 CC4.1)和 II 类陶瓷电容器(国产型号为 CT4)两种。I 类是温度补偿电容器,其特点是低损耗、电容量稳定性高,适用于谐振回路、耦合回路和需要补偿温度效应的电路。II 类是高介质电常数类电容器,其特点是体积小、容量大,适用于旁路、滤波或在对损耗、容量稳定性要求不高的鉴频电路中。多层片状瓷介电容器的外形尺寸如表 1.19 所示。

表 1.19 片状电容器的外形尺寸

电容型号	尺寸			
	L/mm	W/mm	H_{mm}	T/mm
CC0805	1.8～2.2	1.0～1.4	1.3	0.3～0.6
CC1206	3.0～3.4	1.4～1.8	1.5	0.4～0.7
CC1210	3.0～3.4	2.3～2.7	1.7	0.4～0.7
CC1812	4.2～4.8	3.0～3.4	1.7	0.4～0.7
CC1825	4.2～4.8	6.0～6.8	1.7	0.4～0.7

②片式钽电解电容器。片式钽电解电容器的容量一般为 $0.1～470\,\mu F$,其外形多呈矩形结构。由于其电解质响应速度快,所以在需要高速运算处理的大规模集成电路中应用广泛。片式钽电解电容器分为裸片型、模塑封装型和端帽型三种不同类型。其极性的标注方法是在基体的一端用深色标志线做正极。

③片式铝电解电容器。片式铝电解电容器的容量一般为 $0.1～220\,\mu F$,主要用在各种消费类电子产品中,且价格低廉。按外形和封装材料的不同,它也可分为矩形铝电解电容器(树脂封装)和圆柱形电解电容器(金属封装)两类。在其基体上是用深色标志线做负极来标注其极性的,容量及耐压也在其基体上进行了标注。

(3)电感器

片式电感器的种类较多,按形状可分为矩形和圆柱形;按磁路可分为开路形和闭路形;按电感量可分为固定型和可调型;按结构的制造工艺可分为绕线型、多层型和卷绕型。与插装式电感器一样,它在电路中起扼流、退耦、滤波、调谐、延迟、补偿等作用。

绕线型电感器的电感量范围宽、Q 值高、工艺简单,因此在片式电感器中使用得最多,但其体积较大、耐热性较差。绕线型电感器的品种很多,尺寸各异。国外某些公司生产的绕线型片式电感器的型号、尺寸及主要的性能参数如表 1.20 所示。

表 1.20 片式电感器的型号、尺寸与主要性能

厂家	型号	尺寸[长×宽×高]/mm	$L/\mu H$	Q	磁路结构
TOKO	43CSCROL	4.5×3.5×3.0	1～410	50	—
Murata	LQNSN	5.0×4.0×3.15	10～330	50	—

续表 1.20

厂家	型号	尺寸[长×宽×高]/mm	$L/\mu H$	Q	磁路结构
TDK	NL322522	3.2×2.5×2.2	0.12~100	20~30	开磁路
	NL453232	4.5×3.2×3.2	1.0~100	30~50	开磁路
	NFL453232	4.5×3.2×3.2	1.0~1000	30~50	闭磁路
Sicmeps	—	4.8×4.0×3.5	0.1~470	50	闭磁路
Coiccraft	—	2.5×2.0×1.9	0.1~1	30~50	闭磁路
Plconics	—	4.0×3.2×3.2	0.01~1000	20~50	闭磁路

2)有源器件(SMD)

SMD 分立器件包括各种分立半导体器件,既有二极管、三极管及场效应管,也有由两三只三极管、二极管组成的简单复合电路。

典型的 SMD 分立器件的外形尺寸如图 1.23 所示,其电极引脚数为 2~6 个。二极管类器件一般采用二端或三端 SMD 封装,小功率三极管类器件一般采用三端或四端 SMD 封装,四端~六端 SMD 器件内大多封装了两只三极管或场效应管。

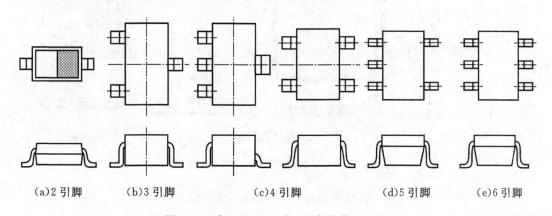

| (a)2 引脚 | (b)3 引脚 | (c)4 引脚 | (d)5 引脚 | (e)6 引脚 |

图 1.23　典型的 SMD 分立器件的外形尺寸

二极管包含如下两种:

(1)二极管

①无引线圆柱形玻璃封装二极管。无引线圆柱形玻璃封装二极管是将管芯封装在细玻璃管内,两端以金属帽为电极的二极管。它通常用于稳压,或用做开关和通用二极管。其功耗一般为 0.5~1 w。

②塑封二极管。塑封二极管用塑料封装管芯,有两根翼形短引线,一般做成矩形片状。其额定电流为 150mA~1A,耐压为 50~400 V。

(2)三极管

三极管采用带有翼形短引线的塑料封装(SOT),可分为 SOT23,SOT89,SOTl43 等几种尺寸结构。SOT23 有 3 条翼形端子,在大气中的功率为 150 mW,在陶瓷基板上的功耗为 300 mW,常见的有小功率晶体管、场效应晶体管和带电阻网络的复合管。SOT89 具有 3 条薄的短端子,分布在三极管的一端。三极管的芯片粘贴在较大的钢片上,以增加散热能力。它在大气中的功耗为 500 mW,在陶瓷板上的功耗为 1 W,这类封装常见于硅功率贴片安装三极管。SOTl43 有 4 条翼形短端子,端子中宽大一点的是集电极,这类封装常见于高频三极管和双栅场效应管。

(3)表面贴装集成电路

表面贴装集成电路常用的封装形式有 SOP 型、PLCC 型、QFP 型、QPF 型、BGA 型等几种。它们所对应的外形如图 1.24 所示。

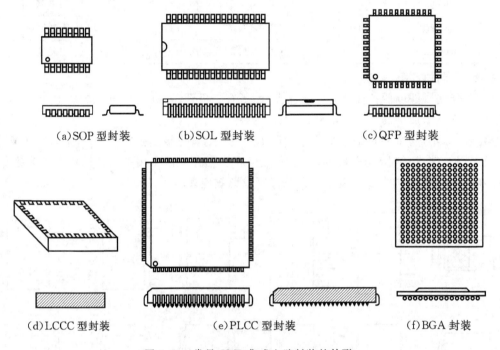

(a)SOP 型封装　　　　(b)SOL 型封装　　　　(c)QFP 型封装

(d)LCCC 型封装　　　　(e)PLCC 型封装　　　　(f)BGA 封装

图 1.24　常见 SMD 集成电路封装的外形

①小外形封装(SOP 型)。由双列直插式封装 DIP 演变而来,引脚分布在器件的两边,其引脚数目在 28 个以下。它具有两种不同的引脚形式:一种为"翼"形引脚;另一种为"J"形引脚。这种引脚常见于线性电路、逻辑电路、随机存储器。

②塑封有引线芯片载体封装(PLCC 型)。由 DIP 演变而来。当引脚数超过 40 个时便应采用此类封装,也可采用"J"型结构。每种 PLCC 表面都有标记定位点,以供贴片时判断方向用。这种引脚常见于逻辑电路、微处理器阵列、标准单元。

③四方扁平封装(QFP 型)。是一种塑封多引脚器件,四周有翼形引脚,其外形有方形或矩形两种。美国开发的 QFP 器件封装则在四周各有一凸出的角,起到了对器件端子的防护作用。这种封装常见于门阵列的 ASIC(专用集成电路)器件。

④球栅阵列封装(BGA 型)。其引脚成球形阵列分布在封装的底面,因此它可以有较多的端子数量且端子间距较大。由于它的引脚端子更短,组装密度更高,所以其电气性能更优越,特别适合在高频电路中使用。

知识七　接插件的识别与检测

1. 插接件的种类

插接件又称连接器,按其工作的频率不同可分为低频插接件和高频插接件。低频插接件通常是指工作频率在 100MHz 以下的连接器,高频插接器是指工作频率在 100MHz 以上的连接器。对高频插接器在结构上要考虑到高频电场的泄漏和反射等问题。高频插接件一般都采用同轴结构与同轴电缆相连接,所以也常称为同轴连接器。同轴连接器按其外形结构可分为圆形插接件、矩形插接件、印制板插接件和带状扁平排线插接件等。

部分常用接插件如图 1.25 所示。

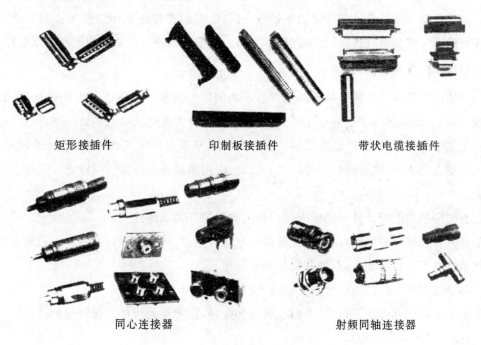

矩形接插件　　　　印制板接插件　　　　带状电缆接插件

同心连接器　　　　　　　　射频同轴连接器

图 1.25　常用接插件外形

2. 插接件的作用

插接件主要用于在电子设备的主机和各部件之间进行电气连接,或在大功率的分立元器件与印制电路板之间进行电气连接,这样便于整机的组装和维修。

3. 常用插接件

①圆形插接件。圆形插接件也称航空插头插座,它有一个标准的螺旋锁紧机构,接触点的数目从两个到上百个不等。其插拔力较大,连接方便,抗震性好,容易实现防水密封及电磁屏蔽等特殊要求。该元件适用于大电流连接,额定电流可以从 1A 到数百安,一般用于不需要经常插拔的电路板之间或整机设备之间实现电气连接。

②矩形插接件矩形排列能充分利用空间,所以被广泛用于机内互连。当其带有外壳或锁紧装置时,也可用于机外电缆与面板之间的连接。

③印制板插接件为了便于印制电路板的更换和维修,在几块印制电路板之间或在印制电路板与其他部件之间的互连经常采用此插接件,其结构形式有簧片式和针孔式。簧片式插座的基体用高强度酚醛塑料压制而成,孔内有弹性金属片,这种结构比较简单,使用方便。针孔式插接件可分为单排和双排两种,插座装焊在印制板上,引线数目可从两根到一百根不等,在小型仪器中常用于印制电路板的对外连接。

④带状扁平排线插接件。带状扁平排线插接件常用于低电压、小电流的场合,适用于微弱信号的连接,多用于计算机中实现主板与其他设备之间的连接。带状扁平排线插接件是由几十根以聚氯乙烯为绝缘层的导线并排粘合在一起的,它占用空间小,轻巧柔韧,布线方便,不易混淆。带状电缆的插头是电缆两端的连接器,它与电缆的连接是靠压力使连接端上的刀口刺破电缆的绝缘层实现电气连接,其工艺简单可靠。电缆的插座部分直接焊接在印制电路板上。

4. 插接件及开关的选用

选用插接件及开关最重要是接触是否良好的问题。接触不可靠影响电路的正常工作,会引起很多故障,合理选择和正确使用开关和插接件,将会大大降低电路的故障率。

选用插接件和开关时,除了应根据产品技术要求所规定的电气、机械和环境条件外,还要考虑元件动作的次数、镀层的磨损等因素。因此,选用插接件和开关时应注意以下几个方面的问题:

①首先应根据使用条件和功能来选择合适类型的开关及插接件。

②开关和插接件的额定电压、电流要留有一定的余量。为了接触可靠,开关的触点和插接件的线数要留有一定的余量,以便并联使用或备用。

③尽量选用带定位的插接件,以免因插错而造成故障。

④触点的接线和焊接要可靠,为防止断线和短路,在焊接处应加上套管保护。

任务实施

1. 任务实施条件

①电子产品原理图一份。

②各种类型、不同规格的新元器件。

③各种类型、不同规格的已经损坏的元器件。

④每人配备指针式万用表和数字式万用表各一只。

⑤元器件手册。

⑥整件明细表一份,如表1.21。

表 1.21 整件明细表

××××公司	整件明细表		产品型号		文件编号		共 页
			产品名称		工艺名称		第 页
序号	物料描述	数量	装入位号	备注	序号	物料描述	数量	装入位号	备注
---	---	---	---	---	---	---	---	---	---
1					1				
2					2				
3					3				
4					4				
5					5				
6					6				
7					7				
8					8				
9					9				
10					10				
11					11				
12					12				
13					13				
14					14				
15					15				
16					16				
17					17				
18					18				
19					19				
20					20				
21					21				
22					22				
23					23				
24					24				
25					25				
26					26				
27					27				
28					28				
29					29				
30					30				
31					31				
32					32				
33					33				
34					34				
35					35				
36					36				
37					37				

| 标记 | 处数 | 更改文件号 | 签名 | 日期 | 编制(日期) | 审核(日期) | 审定(日期) | 会签(日期) | 审定(日期) |

2. 任务实施过程

本任务共分三个项目进行,分别为电阻、电容、电感器、变压器的识别与检测、二极管、三极管及其他半导体器件识别与检测、常用接插件的识别与检测。实施过程相同。

①查阅资料,确定选择元器件的类型及型号。

②辨别各种类型的元器件,识读各种元器件上的各种标志及标称值。

③用万用表对元器件进行检测。

④对操作结果进行记录,撰写训练报告。

⑤完成整件明细表的编制。

3. 考核评分标准

项目内容	配分	考核内容及评分标准
电阻、电容、电感器、变压器的识别与检测	30	①工具及仪表使用不当,每次扣 5 分 ②元件检测的方法不正确,扣 20 分 ③不能检测出元件的好坏及类别,每个扣 10 分 ④损坏元件,每只扣 20~40 分
二极管、三极管及其他半导体器件识别与检测	30	①工具及仪表使用不当,每次扣 5 分 ②器件检测的方法不正确,扣 20 分 ③不能检测出器件的好坏及类别,每个扣 10 分 ④损坏器件,每只扣 20~40 分
常用接插件的识别与检测	20	①工具及仪表使用不当,每次扣 5 分 ②接插件检测的方法不正确,扣 20 分 ③不能检测出接插件的好坏及类别,每个扣 10 分 ④损坏接插件,每件扣 20~40 分
学习态度及职业道德	20	
安全文明生产	违反安全文明操作规程 扣 10~60 分	
定额时间	5 课时,训练不得超时,每超 5 分钟(不足 5 分按 5 分计)扣 5 分	
备注	除定额时间外,各项内容最高扣分不超过配分数。	成绩评定:

任务 1-3　电子元器件的分类发放

任务描述

将上个任务中的元器件按性质、用途等进行分类,并按工艺管理要求进行存放和发放。

任务相关知识

知识一　电子元器件的分类

1. 按性质分类

（1）电子元件

指在工厂生产加工时不改变分子成分的成品。如电阻器、电容器、电感器。因为它本身不产生电子，它对电压、电流无控制和变换作用，所以又称无源器件。按分类标准，电子元件可分为 11 个大类。

（2）电子器件

指在工厂生产加工时改变了分子结构的成品。例如晶体管、电子管、集成电路。因为它本身能产生电子，对电压、电流有控制、变换作用（放大、开关、整流、检波、振荡和调制等），所以又称有源器件。按分类标准，电子器件可分为 12 个大类，可归纳为真空电子器件和半导体器件两大块。

2. 按应用分类

电子元器件行业是十分广泛的行业，包括的东西相当的复杂。按照不同产品的应用来分，可分为：

（1）继电器

汽车继电器，信号继电器，固态继电器，中间继电器，电磁类继电器，干簧式继电器，湿簧式继电器，热继电器，步进继电器，大功率继电器，磁保持继电器，极化继电器，温度继电器，真空继电器，时间继电器，混合电子继电器，延时继电器，其他继电器。

（2）二极管

开关二极管，普通二极管，稳压二极管，肖特基二极管，双向触发二极管，快恢复二极管，光电二极管，阻尼二极管，磁敏二极管，整流二极管，发光二极管，激光二极管，变容二极管，检波二极管，其他二极管。

（3）三极管

带阻三极管，磁敏三极管，开关晶体管，闸流晶体管，中高频放大三极管，低噪声放大三极管，低频、高频、微波功率晶体管，开关三极管，光敏三极管，微波三极管，高反压三极管，达林顿三极管，光敏晶体管，低频放大三极管，功率开关晶体管，其他三极管。

（4）电子专用材料

电容器专用极板材料，导电材料，电极材料，光学材料，测温材料，半导体材料，屏蔽材料，真空电子材料，覆铜板材料，压电晶体材料，电工陶瓷材料，光电子功能材料，强电、弱电用接点材料，激光工质，电子元器件专用薄膜材料，电子玻璃，类金刚石膜，膨胀合金与热双金属片，电热材料与电热元件，其它电子专用材料。

（5）电容器

云母电容器，铝电解电容器，真空电容器，漆电容器，复合介质电容器，玻璃釉电容器，有机薄膜电容器，导电塑料电位器，红外热敏电阻，气敏电阻器，陶瓷电容器，钽电容器，纸介电容器。

（6）电子电位器

磁敏电阻/电位器，湿敏电阻器，光敏电阻/电位器，固定电阻器，可变电阻器，排电阻器，热敏电阻器，熔断电阻器，其它电阻/电位器。

（7）连接器

端子，线束，卡座，IC插座，光纤连接器，接线柱，电缆连接器，印刷板连接器，电脑连接器，手机连接器，端子台，接线座，其他连接器。

（8）电位器

合成碳膜电位器，直滑式电位器，贴片式电位器，金属膜电位器，实心电位器，单圈、多圈电位器，单连、双连电位器，带开关电位器，线绕电位器，其他电位器。

（9）保险元器件

温度开关，温度保险丝，电流保险丝，保险丝座，自恢复熔断器，其他保险元器件。

（10）传感器

电磁传感器，敏感元件，光电传感器，光纤传感器，气体传感器，湿敏传感器，位移传感器，视觉、图像传感器，其他传感器。

（11）电感器

磁珠，电流互感器，电压互感器，电感线圈，固定电感器，可调电感器，线饶电感器，非线绕电感器，阻流电感器（阻流圈、扼流圈），其他电感器。

（12）电声器件

扬声器，传声器，拾音器，送话器，受话器，蜂鸣器。

（13）电声配件

盆架，电声喇叭，防尘盖，音膜、振膜，其他电声配件，T铁，磁钢，弹波，鼓纸，压边，电声网罩。

（14）频率元件

分频器，振荡器，滤波器，谐振器，调频器，鉴频器，其他频率元件。

（15）开关元件

可控硅，光耦，干簧管，其他开关元件。

（16）光电与显示器件

显示管，显象管，指示管，示波管，摄像管，投影管，光电管，发射器件，其他光电与显示器件。

（17）磁性元器件

磁头，铝镍磁钢永磁元件，金属软磁元件（粉芯），铁氧体软磁元件（磁芯），铁氧体永磁元件，稀土永磁元件，其他磁性元器件。

（18）集成电路

电视机IC，音响IC，电源模块，影碟机IC，录象机IC，电脑IC，通信IC，遥控IC，照相机IC，报警器IC，门铃IC，闪灯IC，电动玩具IC，温控IC，音乐IC，电子琴IC，手表IC，其他集成电路。

（19）电子五金件

触点，触片，探针，铁心，其他电子五金件。

（20）显示器件

点阵，LED数码管，背光器件，液晶屏，偏光片，发光二极管芯片，发光二极管显示屏，液晶显示模块，其他显示器件。

(21)蜂鸣器

知识二　工艺管理的几个基本概念

电子产品从预研制阶段、设计性试制阶段、生产性试制阶段,到批量性生产阶段等各阶段中,有关工艺方面的工作规程叫工艺过程。

工艺过程包括:工序、安装、工位、进度等基本单元。

工艺过程的组成单元之间存在复杂的联系和约束。但其构成的最终目的应有利于产品制造在整个工艺过程的合理安排。

通常,元器件加工工艺过程和装配工艺过程是电子产品制造企业的主要工艺过程。

从材料、零配件到合格产品的过程叫生产工艺。

制定合理的生产工艺,企业才能实现优质、高效、低损耗及安全的生产,才能获得最佳的经济效益。

一、工艺管理涉及的几个基本概念

(1)流水(生产)节拍

在流水操作的工序划分时,要注意到每人操作所用的时间应相等,这个时间称为流水(生产)节拍。

(2)工序

制造、生产某种产品或达到某一特定结果的特定步骤,是组成整个生产过程的各段加工,也指各段加工的先后次序 。一般以工序为单位,进行工时定额估算和生产成本核算。

(3)工位

产品安装后,连同工装(夹具)一起在设备上占据并保持一个正确的位置。

(4)工步

插件安装、焊接装配速度和进给量(安装速度)都不变的情况下,所完成的工位内容。

(5)工装

即生产过程工艺装备,指制造过程中所用的各种工具的总称。分为专用工装和通用工装。

(6)工时

由一位合格的操作工人完成该工作所需要多少时间来定义,它包括三个方面:过程时间、基本时间及手工工作的时间、个人因素产生的时间。

(7)工艺卡片(岗位作业指导书)

供操作员工使用的技术指导性文件,例如设备操作规程、插件作业指导书、补焊作业指导书、程序读写作业指导书、检验作业指导书等等。

二、插件工艺编制步骤

1. 生产节拍时间计算

假设,每天工作时间:8 小时,上班准备时间 15 分钟,上、下午休息时间:各 15 分钟。

$$每天实际作业时间=每天工作时间-(准备时间+休息时间)$$
$$=8\times60-(15+15+15)=435(min)$$

$$节拍时间 = \frac{实际作业时间}{计划日产量} = \frac{435 \times 60}{1\,000} = 26.1(s)$$

2. 计算印制板插件总工时

将整件明细表中所有元器件分类列在表内,按标准工时定额(见表 1.22)查出单件的定额时间,最后累计出印制板插件所需的总工时,见表 1.23。

表 1.22 标准工时定额表

项目	名称	时间(秒)	项目	名称	时间(秒)		
					工 具		
					自动	半自动	手动
装插元器件	电阻(小功率)	3	螺装	螺 钉	5	8	10
	电阻(≥1W)	3.5		螺钉加平垫	7	10	12
	电容(无极性)	3		螺钉加平、弹垫	9	12	14
	电容(有极性)	3.5		螺母加平、弹垫	13	16	18
	二极管(细脚)	3.5	焊接	印制印焊盘	3		
	二极管(粗脚)	4		导线搭焊	5		
	三极管(3 脚)	5		导线搭焊(1 点 2 关头)	7		
	三极管(4 脚)	6		导线搭焊(一点 3 头)	11		
	电位器	4		导线绕焊	12		
	电感(固定)	3	插头	插头(2—3 芯)	5		
	集成电路(8~10 脚)	4		插头(4—5 芯)	6		
	集成电路(12~16 脚)	5		插头(6—7 芯)	7		
	集成电路(18~22 脚)	6					
	集成电路(≥24 脚)	7					
	中周(3 脚)	3					
	中周(5~7 脚)	4					
	插座(2~3 芯)	3					
	插座(≥4 芯)	4					

表 1.23 总工时计算表

序号	元器件名称	数量/只	定额时间/s	累计时间/s
1	小功率碳膜电阻	13	3	39
2	跨接线	4	3	12
3	中周(五脚)	3	4	12

序号	元器件名称	数量/只	定额时间/s	累计时间/s
4	小功率晶体管(需整形)	5	5.5	27.5
5	小功率晶体管	2	4.5	9
6	电容(无极性)	12	3	36
7	电解电容(有极性)	7	3.5	24.5
8	音频变压器(五脚)	2	5	10
9	二极管	1	3.5	3.5
合计总工时(s)				173.5

3. 计算插件工位数

插件工位的工作量安排一般应考虑适当的余量,当计算值出现小数时一般总是采取进位的方式,所以根据上式得出,日产1000台收音机的插件工位人数应确定为7人。

$$插件工位数 = \frac{插件总工时}{节拍时间} = \frac{173.3}{26.1} = 6.55(人)$$

4. 确定工位工作量时间

$$工作工作量时间 = \frac{插件总工时}{人数} = 24.78(s)$$

$$工作量允许误差 = 节拍时间 \times 10\% = 26.1 \times 10\% \approx 2.6(s)$$

5. 划分插件区域

按编制要领将元器件分配到各工位。

编写要领:

①各道插件工位的工作量安排要均衡,工位间工作量(按标准工时定额计算)差别≤3秒。

②电阻器避免集中在某几个工位安装,应尽量平均分配给各道工位。

③外型完全相同而型号规格不同的元器件,绝对不能分配给同一工位安装。

④型号、规格完全相同的元件应尽量安排给同一工位。

⑤需识别极性的元器件应平均分配给各道工位。

⑥安装难度高的元器件,也要平均分配。

⑦前道工位插入的元器件不能造成后工位安装的困难。

⑧插件工位的顺序应掌握先上后下、先左后右,这样可减少前后工位的影响。

在满足上述各项要求的情况下,每个工位的插件区域应相对集中,可有利于插件速度。

6. 工作量统计分析

工作量统计分析过程见表1.24。

表 1.24　工作量统计分析表

类型 ＼ 工位序号	一	二	三	四	五	六	七
电阻数/只	1	2	2	2	2	2	2
跨接线数/只	1				2	1	
二、三极管数/只	2	1	1	1	1	1	1
瓷片电器/只	2	2	2	2	1	1	2
电解电容/只		1	1	2	1	1	1
中周、线圈数/只	1	1	1				
变压器数/只						1	1
有极性元件数/只	2	2	2	3	3	2	2
元器件品种数/只	6	6	6	5	6	7	6
元器件个数/只	7	7	7	7	7	7	7
工时数/s	25	25	25	24.5	24	25	25

7. 编写插件工艺卡片

在完成插件工序的划分后,对各工序的工艺卡片进行编制。

插件工艺卡片格式说明:

①物料描述。填写插入元器件的名称、型号及规格。

②技术要求(工艺说明)。用来描述插件操作的工艺要求。

③注释栏。工序中的特殊说明。

④工装及工具。插件作业过程中需要用到的工装及工具。

⑤工艺简图(附图)。用 PCB 简图图示元器件所插入的区域及位置。

任务实施

1. 任务实施条件

①电子产品原理图一份。

②各种类型、不同规格的新元器件。

③每人配备指针式万用表和数字式万用表各一只。

④元器件手册。

⑤器件存放工具。

2. 任务实施过程

将任务1－2中已经检测完成的电阻、电容、二极管、三极管及其他半导体器件、接插件等元器件进行分类、存放和发放。

①查阅资料,对元器件的类型及型号进行分类。

②辨别各种类型的元器件,将各种元器件按类型存放。

③按工艺管理要求进行元器件发放。

④对操作结果进行记录,撰写训练报告。

⑤编制插件物料发放卡,见表1.25。

⑥编制插件工艺卡片及插件检验工艺卡片,见表1.26和表1.27。

3. 考核评分标准

项目内容	配分	考核内容及评分标准	
电子元器件的分类发放	80	①工具及仪表使用不当,每次扣5分 ②元件分类的方法不正确,扣20分 ③不能合理存放,每个扣10分 ④不按规定发放,每只扣20～40分	
学习态度及职业道德	20		
安全文明生产		违反安全文明操作规程 扣10～60分	
定额时间		1课时,训练不得超时,每超5分钟(不足5分按5分计)扣5分	
备注		除定额时间外,各项内容最高扣分不超过配分数。	成绩评定:

表 1.25 插件物料发放卡

××××公司	插件物料发放卡	产品型号 产品名称	文件编号 工艺名称	插件工艺	共 页 第 页

工序号	所需物料	物量	工序号	所需物料	物量	工序号	所需物料	物量	工序号	所需物料	物量
1			2			3			4		
5			6			7			8		
9			10								

标记	处数	更改文件号	签名	日期	编制(日期)	审核(日期)	会签(日期)	审定(日期)

格式 A

表 1.26　插件工艺卡片

××××公司	插件工艺卡片	产品型号	文件编号	共　页
		产品名称	工艺名称　插件工艺	第　页
工序名称　插件二		工序节拍　s/人		
序号	物料描述	位号	数量	技术要求	注释栏	工装及工具
1						
2						
3						
附图						

标记	处数	更改文件号	签名	日期	编制（日期）	审核（日期）	会签（日期）	审定（日期）

表 1.27 插件检验工艺卡

××××公司	关键工序作业指导书	产品型号		文件编号		共 页
		产品名称		工序名称	插件检验工艺	第 页

元件零部件明细表

序号	品名	规格型号	数量	插入位号	备注
1					
2					
3					
4					
5					
6					
7					
8					
9					
10					
11					
12					
13					
14					
15					
16					

标记	处数	更改文件号	签名	日期	编制（日期）	审核（日期）	审定（日期）	会签（日期）	审定（日期）

习题一

1.1 在严格遵守操作规程的前提下,对从事电工、电子产品装配和调试的人员,为做到安全用电,还应注意哪几点?

1.2 什么是文明生产?文明生产的内容包括哪些方面?

1.3 静电的危害通常表现在哪些方面?

1.4 静电危害半导体的途径通常有哪几种?

1.5 预防静电的基本原则是什么?

1.6 静电的防护措施有哪些?

1.7 一个完整的静电防护工作应具备哪些要素?

1.8 什么是电阻?电阻有哪些主要参数?

1.9 如何检测判断普通固定电阻、电位器及敏感电阻的性能好坏?

1.10 什么是电容?它有哪些主要参数?电容有何作用?

1.11 什么是电解电容器?与普通电容器相比,它有什么不同?

1.12 如何判断较大容量的电容器是否出现断路、击穿及漏电故障?

1.13 什么是电感?电感有哪些主要参数?

1.14 变压器有何作用?举出 5 种常见电子变压器的例子。

1.15 电感的主要故障有哪些?如何检测电感和变压器的好坏?

1.16 电阻、电容、电感的主要标志方法有哪几种?

1.17 指出下列电阻的标称阻值、允许偏差及识别方法。

(1)2.2kΩ±10%   (2)680Ω±20%   (3)5k1±5%

(4)3M6J   (5)4R7M   (6)125k

(7)829J   (8)红紫黄棕   (9)蓝灰黑橙银

1.18 指出下列电容的标称容量、允许偏差及识别方法。

(1)5n1   (2)103J   (3)2P2

(4)339k   (5)R56k

1.19 二极管有何特点?如何用万用表检测判断二极管的引脚极性及好坏?

1.20 稳压二极管工作在_____区域,如何用万用表检测稳压二极管的极性和好坏?

1.21 简述发光二极管的特点及用途,发光二极管可以发出哪几种颜色?

1.22 什么是桥堆?有何作用?

1.23 桥堆有哪些主要故障?如何检测桥堆的好坏?

1.24 三极管有哪几个引脚?从结构上看,它有哪些类型?如何用万用表检测?

1.25 什么是集成电路?它有何特点?按集成度是如何分类的?

1.26 集成稳压器有哪些类型?各有何特点?用于什么场合?

1.27 555 时基集成电路是模拟还是数字集成电路?有何作用?

1.28 按控制方式分类,开关件分为哪几类? 各有何特点?

1.29 开关件有何作用? 如何检测其好坏?

1.30 熔断器有何作用? 如何检测其好坏?

1.31 什么是电声器件? 常见的电声器件有哪些? 各有何作用?

1.32 什么是表面安装元器件? 在什么场合下使用?

项目二　物料处理加工

项目要求

通过对导线的加工、元器件的成型和印制电路板的制作,使学生能识读各种技术文件,掌握产品生产准备工艺,学会准备工艺的相关技能,并能进行工艺卡片的编制。

学习目标

知识目标

1. 了解焊接的机理。
2. 掌握各种技术文件的规范、格式和要求。
3. 掌握准备工艺的要求。
4. 了解其他焊接设备和方法。
5. 了解印制电路板的设计原则。

技能目标

1. 能熟练、准确地使用和操作手工焊接工具。
2. 能准确识读各种电路图。
3. 能准确加工处理各种导线进行。
4. 能对元器件进行准确成型。
5. 学会印制电路板的手工制作。

素质目标

1. 养成细心、踏实的工作作风。
2. 培养吃苦耐劳的劳动态度。
3. 培养工具、设备使用的安全和规范意识。
4. 培养良好的成本节约和环保意识。
5. 培养团队合作的工作意识。

任务 2-1　手工焊接训练

任务描述

在电子整机装配过程中,焊接是一种主要的连接方式。它是将组成产品的各种元器件、导线、印制导线或接点等,用焊接方法牢固地连接在一起的过程。在电子产品装配中,锡焊应用最广,其全过程是加热被焊金属和锡铅焊料,使锡焊料熔化,借助于助焊剂的作用,使焊料浸润已加热的被焊金属件表面形成合金,焊料凝固后,被焊金属件即连接在一起。

通过本任务的学习,使学生能熟练运用手工焊接的基本方法,并能对各焊点焊接质量进行检查判断,同时能熟练掌握印制电路板上各种元器件的安全拆装方法。

任务相关知识

所有的电子产品,从几个零件构成的整流器到成千上万个零部件组成的计算机系统,都由基本的电子元器件和功能构件,按电路工作原理用一定的方法连接而成。虽然连接方法多种(例如铆接、绕接、压接、粘接等),但最常用的连接方法是锡焊。一个电子产品的焊点少则几十、几百,多则几万、几十万个,其中任何一个焊点出现问题都可能影响整机的工作。可以说,确保每一个焊点的质量是提高产品质量和可靠性的基本环节。

手工焊接是电子产品装配中的一项基本操作技能。手工焊接适合于产品试制、电子产品的小批量生产、电子产品的调试与维修以及某些不适合自动焊接的场合。

知识一 焊接的基本知识

焊接是使金属连接的一种方法,是将导线、元器件引脚与印制电路板连接在一起的过程。焊接过程要满足机械连接和电气连接两个目的,其中,机械连接是起固定作用,而电气连接是起电气导通的作用。

1. 焊接的概念和种类

焊接质量的好坏,直接影响到电子产品的整机性能指标。因而焊接操作技术是电子产品生产中必须掌握的一门基本操作技能,是考核电子工程技术人员的主要项目之一,也是评价其基本动手能力和专业技能的依据。现代焊接技术主要分为熔焊、钎焊和接触焊三类。

(1)熔焊

熔焊是一种加热被焊件(母材),使其熔化产生合金而焊接在一起的焊接技术;即直接熔化母材的焊接技术。常见的有电弧焊、激光焊、等离子焊及气焊等。

(2)钎焊

钎焊是一种在已加热的被焊件之间,熔入低于被焊件熔点的焊料,使被焊件与焊料熔为一体并连接在一起的焊接技术;即母材不熔化,焊料熔化的焊接技术。常见的有锡焊、火焰钎焊、真空钎焊等。在电子产品的生产中,大量采用锡焊技术进行焊接。

(3)接触焊

接触焊是一种不用焊料和焊剂,即可获得可靠连接的焊接技术。常见的有压接、绕接、穿刺等。

焊接技术多种多样,但使用最多、最具有代表性意义的是锡焊。

2. 锡焊的基本过程

在电子产品制造过程中,使用最普遍、最广泛的焊接技术是锡焊。

锡焊可采用手工焊接工具(如电烙铁)或自动化焊接设备完成。锡焊是使用锡合金焊料进行焊接的一种焊接形式。焊接过程是将焊件和焊料共同加热到焊接温度,在焊件不熔化的情况下,焊料熔化并浸润焊接面,在焊接点形成合金层,形成焊件的连接过程。

焊接的机理可分为下列三个阶段:

(1)润湿阶段

润湿阶段是指同时加热被焊件和焊料,使加热后呈熔融状的焊料沿着被焊金属的表面充分铺开,与被焊金属的表面分子充分接触的过程。为使该阶段达到预期的效果,被焊金属表面的清洁工作是不可缺少的重要环节。

（2）扩散阶段

在第一阶段的润湿过程中，焊料和被焊件表面的分子充分接触，并在一定的温度下，焊料与被焊金属中的分子相互渗透（称为分子的扩散运动），扩散的结果是在两者的界面上形成合金层（又称界面层）。

（3）焊点的形成阶段。

加热焊接形成合金层后，停止加热，焊料开始冷却。冷却时，界面层（合金层）首先以适当的合金状态开始凝固，形成金属结晶，然后结晶向未凝固的焊料方向生长，最后形成焊点。

3. 锡焊的基本条件

完成锡焊并保证焊接质量，应同时满足以下几个基本条件：

（1）被焊金属应具有良好的可焊性

可焊性是指在一定的温度和助焊剂的作用下，被焊件与焊料之间能够形成良好合金层的能力。不是所有的金属都具有良好的可焊性，例如，铜、金、银的可焊性都很好，但其价格较贵，一般很少使用，目前常用铜来作元器件的引脚、导线、接点等；铁、铬、钨等金属的可焊性较差。为避免氧化破坏金属的可焊性，或需焊接可焊性较差的金属，常常采用在被焊金属表面镀锡、镀银的办法来解决以上问题。

（2）被焊件应保持清洁

杂质（氧化物、污垢等）的存在，会严重影响被焊件与焊料之间的合金层的形成。为保证焊接质量，使被焊件达到良好的连接，在焊接前，应做好被焊件的表面清洁工作，去除氧化物、污垢。通常使用无水乙醇来清除污垢，焊接时使用焊剂来清除氧化物；当氧化物、污垢严重时，可先采用小刀轻刮或细砂纸轻轻打磨，然后用无水乙醇清洗的方法来完成清洁工作。

（3）选择合适的焊料

锡焊工艺中使用的焊料是锡铅合金，根据锡铅比例和成分的不同，其性能和种类也不同。焊料的成分及性能，直接影响到被焊件的可焊性；焊料中的杂质同样会影响被焊件与焊料之间的连接。使用时，应根据不同的要求选择合适的焊料。

（4）选择合适的焊剂

焊剂是用于去除被焊金属表面的氧化物，防止焊接时被焊金属和焊料再次出现氧化，并降低焊料表面张力的焊接辅助材料。它有助于形成良好的焊点，保证焊接的质量。在电子产品的锡焊工艺中，多使用松香做助焊剂。

（5）保证合适的焊接温度

合适的焊接温度，是完成焊接的重要因素。焊接温度太低，容易形成虚焊、拉尖等焊接缺陷；焊接温度太高，易产生氧化现象，造成焊点无光泽、不光滑，严重时会烧坏元器件或使印制电路板的焊盘脱落。

保证焊接温度的有效办法是：选择功率大小合适的电烙铁，控制焊接时间。对印制板上的电子元器件进行焊接时，电烙铁一般选择 20～35W 的功率；每个焊点一次焊接的时间应不大于 3 秒钟。

焊接过程中，若一次焊接在 3 秒钟内没有焊完，应停止焊接，待元器件的温度完全冷却后，再行第二次焊接，若仍然无法完成，则必须查找影响焊接的其他原因。

在手工焊接时，焊接温度不仅与焊接时间有关，而且与电烙铁的功率大小、环境温度及焊点的大小等因素有关。电烙铁的功率越大、环境温度越高(如夏季)、焊点越小,则焊点的温度升高越快,因而焊接的时间应稍短些;反之,电烙铁的功率越小、环境温度越低(如冬季)、焊点越大,则焊点的温度上升慢,因而焊接的时间应稍长些。

知识二　手工焊接技术及工艺要求

1. 手工焊接技术

手工焊接是电子产品装配中的一项基本操作技能。手工焊接适合于产品试制、电子产品的小批量生产、电子产品的调试与维修以及某些不适合自动焊接的场合。

学好手工焊接的要点是:保证正确的焊接姿势,熟练掌握焊接的基本操作方法。

(1)正确的焊接姿势

掌握正确的操作姿势,可以保证操作者的身心健康,减轻劳动伤害。手工焊接一般采用坐姿焊接,工作台和坐椅的高度要合适。在焊接过程中,为减小焊料、焊剂挥发的化学物质对人体的伤害,同时保证操作者的焊接便利,要求焊接时电烙铁离操作者鼻子的距离以 20～30 cm 为佳。

(2)握持电烙铁的方法

反握法:适合于较大功率的电烙铁(>75 W)对大焊点的焊接操作。

正握法:适用于中功率的烙铁及带弯头的烙铁的操作。

笔握法:适用于小功率的电烙铁焊接印制板上的元器件。

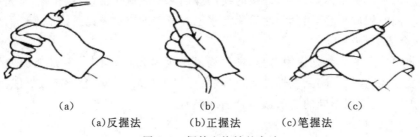

　　　(a)　　　　　　　　　　(b)　　　　　　　　　　(c)
　　(a)反握法　　　　　　(b)正握法　　　　　(c)笔握法
图 2.1　握持电烙铁的方法

(3)手工焊接的基本操作方法

掌握好电烙铁的温度和焊接时间,选择恰当的烙铁头和焊点的接触位置,才可能得到良好的焊点。

初学者学习正确的手工焊接操作,可以把焊接过程分成五个步骤,如图 2.2 所示。

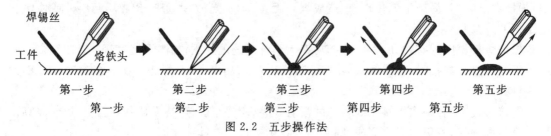

焊锡丝
工件　烙铁头
第一步　　　　第二步　　　　第三步　　　　第四步　　　　第五步
图 2.2　五步操作法

第一步:准备施焊。

左手拿焊丝,右手握烙铁,进入备焊状态。要求烙铁头保持干净,无焊渣等氧化物,并在表面有一层焊锡。

第二步:加热焊件。

烙铁头靠在两焊件的连接处,加热整个焊件,时间大约为1～2 s。对于在印制板上焊接元器件来说,要注意使烙铁头同时接触两个被焊接物,使它们能同时均匀受热。

第三步:送入焊丝。

焊件的焊接面被加热到一定温度时,焊锡丝从烙铁对面接触焊件。注意:不要把焊锡丝送到烙铁头上!

第四步:移开焊丝。

当焊丝熔化一定量后,立即向左上45°方向移开焊丝。

第五步:移开烙铁。

焊锡浸润焊盘和焊件的施焊部位以后,向右上45°方向移开烙铁,结束焊接。

对于热容量小的焊件,可以简化为三步操作,如图2.3。

图 2.3 三步操作法

(1)准备

同以上第一步。

(2)加热与送丝

烙铁头放在焊件上后即放入焊丝。

(3)去丝移烙铁

同以上的第四、第五步。

2.手工焊接的工艺要求

(1)保持烙铁头的清洁

焊接时,烙铁头长期处于高温状态,其表面很容易氧化,这就使烙铁头的导热性能下降,影响了焊接质量,因此,要随时清洁烙铁头。通常的做法是:用一块湿布或一块湿海绵擦拭烙铁头,以保证烙铁头的清洁。

(2)采用正确的加热方式

加热时,应该让焊接部位均匀地受热。正确的加热方式是:根据焊接部位的形状选择不同的烙铁头,让烙铁头与焊接部位形成面的接触,而不是点的接触,这样就可以使焊接部位均匀受热,以保证焊料与焊接部位形成良好的合金层。

(3)焊料、焊剂的用量要适中

焊料适中,则焊点美观、牢固;焊料过多,则浪费焊料,延长了焊接时间,并容易造成短路故障;焊料太少,焊点的机械强度降低,容易脱落。

适当的焊剂有助于焊接;焊剂过多,易出现焊点的"夹渣"现象,造成虚焊故障。若采用松香芯焊锡丝,因其自身含有松香助焊剂,所以无须再用其他的助焊剂。

(4)烙铁撤离方法的选择

烙铁头撤离的时间和方法直接影响焊点的质量。当焊点上的焊料充分润湿焊接部位时,才能撤离烙铁头,且撤离的方法应根据焊接情况选择。

(5)焊点的凝固过程

焊料和电烙铁撤离焊点后,被焊件应保持相对稳定,并让焊点自然冷却,严禁用嘴吹或采取其他强制性的冷却方式;避免被焊件在凝固之前,因相对移动或强制冷却而造成的虚焊现象。

(6)焊点的清洗

为确保焊接质量的持久性,待焊点完全冷却后,应对残留在焊点周围的焊剂、油污及灰尘进行清洗,避免污物长时间满满地侵蚀焊点造成后患。

3. 手工焊接的操作要领

要保证手工焊接的质量,则手工焊接的操作过程中,必须掌握以下要领。

(1)焊前准备

焊接前,根据被焊物的大小,准备好相应的焊接工具和材料。如:电烙铁、镊子、斜口钳、尖嘴钳、剥线钳、焊料、焊剂、元器件等。清洁元器件及工作台面。

(2)电烙铁加热焊点的方法及焊料的供给方法

在焊接时,电烙铁必须同时对连接点上的若干个被焊金属加热。

焊料的供给通常是一手(右手)拿电烙铁加热被焊件,一手(左手)拿焊料送往被焊点。其操作方法是:先对焊点加热,当被焊件加热到一定的温度时,用左手的拇指和食指轻轻捏住松香芯焊锡丝(端头留出 3～5 cm),先在烙铁头与焊接件的结合处供给少量焊料,然后将焊锡丝移到距烙铁头加热的最远点供给合适大焊料,直到焊料润湿整个焊点时便可撤去焊锡丝。

注意:焊接过程中,不要使用烙铁头作为运载焊锡的工具。因为处于焊接状态的烙铁头的温度很高,一般都在 350 ℃ 以上,用烙铁头融化焊锡后运送到焊接面上焊接时,焊锡丝中的助焊剂在高温时分解失效,同时焊锡会过热氧化,造成焊点质量低,或出现焊点缺陷。

(3)电烙铁的撤离方法

焊接结束时,要注意电烙铁的撤离方向。因为电烙铁除了具有加热作用外,还能够控制焊料的留存量。掌握撤离方向,就能控制焊料的留存量,使每个焊点符合要求。

(4)掌握合适的焊接时间和温度

掌握合适的焊接时间和温度,可以保证形成良好的焊点。温度太低,焊锡的流动性差,在焊料和被焊金属的界面难以形成合金,不能起到良好的连接作用,并会造成虚焊(假焊)的结果;温度过高,易造成元器件损坏、电路板起翘、印制板上铜箔脱落,还会加速焊剂的挥发,被焊金属表面氧化,造成焊点夹渣而形成缺陷。

焊接的温度,与电烙铁的功率、焊接的时间、环境温度有关。保证合适的焊接温度,可以通过选择电烙铁和控制焊接时间来调节。电烙铁的功率越大,产生的热量越多,温升越快;焊接时间越长,温度越高;环境温度越高,散热越慢。真正掌握焊接的最佳温度,获得最佳的焊接效果,还须进行严格的训练,要在实际操作中去体会。

(5)焊接后的处理

焊接结束后,应将焊点周围的焊剂清洗干净,并检查有无漏焊、错焊、虚焊等现象。

4. 拆焊

拆焊又称解焊,它是指把元器件从原来已经焊接的安装位置上拆卸下来。当焊接出现错误、损坏或进行调试维修电子产品时,就要进行拆焊过程。

(1)拆焊的常用工具和材料

①普通电烙铁。用于加热焊点。

②镊子。用于夹持元器件或借助于电烙铁恢复焊孔。镊子应选择端头较尖、硬度较高的不锈钢镊子为佳。

③吸锡器。用于吸去熔化的焊锡,使元器件的引脚与焊盘分离。它必须借助于电烙铁才能发挥作用。

④吸锡电烙铁。同时具有加热和吸锡的功能,可独立完成熔化焊锡、吸去多余焊锡的任务。操作时,先用吸锡电烙铁加热焊点,等焊锡熔化后,按动吸锡按键,即可把熔化的焊锡吸掉。它是拆焊操作中使用最方便的工具,其拆焊效率高,且不伤元器件。

⑤吸锡材料。有屏蔽线编织层、细铜网等。使用时,将吸锡材料浸上松香水后,贴到待拆焊的焊点上,然后用烙铁头加热吸锡材料,通过吸锡材料将热传递到焊点上熔化焊锡,吸锡材料将焊锡吸附后,拆除吸锡材料,焊点即被拆开。

(2)拆焊方法

掌握正确的拆焊方法非常重要。如果拆焊不当,极易造成被拆焊的元器件、导线等的损坏,还容易造成焊盘及印制导线的脱落,严重时,会造成印制电路板的完全损坏。常用的拆焊方法有分点拆焊法、集中拆焊法和断线拆焊法。

①分点拆焊法。当需要拆焊的元器件引脚不多,且须拆焊的焊点距其他焊点较远时,可采用分点拆焊法。这种方法的操作步骤是:将印制板立起来,用镊子或尖嘴钳夹住被拆焊元器件的引脚,用电烙铁加热被拆器件的焊点,当焊点的焊锡完全熔化、与印制电路板没有粘连时,用镊子或尖嘴钳夹住元器件引线,轻轻地把元器件拉出来。

重新焊接时,须在加热并熔化焊锡的情况下,用锥子从铜箔面将焊孔扎通,再插入元器件进行重焊。

使用分点拆焊法时应注意:分点拆焊法不宜在一个焊点多次使用,因为印制板线路和焊盘经反复加热后,很容易脱落,造成印制板损坏。若待拆卸的元器件与印制板还有粘连,不能硬拽下元器件,以免损伤拆卸元器件和印制电路板。

②集中拆焊法。当需要拆焊的焊点之间的距离很近时,可采用集中拆焊法,使用这种拆焊方法有两种情况:

(a)当需要拆焊的元件引脚不多,且焊点之间的距离很近时,可直接使用电烙铁同时快速、交替地加热被拆的几个焊点,待这几个焊点同时熔化后,一次拔出拆焊元件。如拆焊立式安装的电阻、电容、二极管或小功率三极管等。

(b)当需要拆焊的元件引脚多、引线较硬时,或焊点之间的距离很近时,应使用吸锡工具拆焊。即用电烙铁和吸锡工具(或直接使用吸锡电烙铁),逐个将被拆元器件焊点上的焊锡吸掉,并将元器件的所有引脚与焊盘分离,即可拆下元器件。

集中拆焊法要求操作者对电烙铁的操作熟练,加热焊点迅速、动作快。一般在学会分点拆焊后,再练习集中拆焊法更好。

③断线拆焊法。当被拆焊的元器件可能需要多次更换,或已经拆焊过时,可采用断线拆焊法。这种方法是:对被拆焊的元器件,不进行加热过程,而是用斜口钳剪下元器件,但须在原印制板上留出部分引脚,以便更换新元件时连接用。

5. 焊点的质量分析

1)焊点的质量要求

对焊点的质量要求包括以下几项。

(1)电气接触良好

良好的焊点应该具有可靠的电气连接性能,不允许出现虚焊、桥接等现象。

(2)机械强度可靠

电子产品完成装配后,由于搬运、使用或自身信号传播等原因,会或多或少地产生振动;因此要求焊点具有可靠的机械强度,以保证使用过程中,不会因正常的振动而导致焊点脱落。

通常焊点的连接形式有插焊、弯焊、绕焊、搭焊 4 种。弯焊和绕焊的机械强度高,连接可靠性好,但拆焊困难;插焊和搭焊连接最方便,但机械强度和连接可靠性稍差。在印制电路板上进行焊接时,由于所使用的元器件重量轻,使用过程中振动不大,所以常采用插焊形式。在调试或维修中,通常采用搭焊作为临时焊接的形式,使装拆方便,不易损坏元器件和印制电路板。

(3)外形美观

从焊点的外观来看,一个良好的焊点应该是明亮、清洁、平滑、焊锡量适中并呈裙状拉开,焊锡与被焊件之间没有明显的分界,这样的焊点才是合格、美观的。

2)焊点的检查步骤

焊接是电子产品制造中的一个重要环节,为保证产品的质量,在焊接结束后,要对焊点的质量进行检查。焊点的检查通常采用目视检查、手触检查和通电检查的方法。

(1)目视检查

目视检查是指从外观上检查焊接质量是否合格,焊点是否有缺陷。目视检查可借助于放大镜、显微镜进行观察检查。目视检查的主要内容有:

①是否有漏焊。

②焊点的光泽好不好,焊料足不足。

③是否有桥接现象。

④焊点有没有裂纹。

⑤焊点是否有拉尖现象。

⑥焊盘是否有起翘或脱落情况。

⑦焊点周围是否有残留的焊剂。

⑧导线是否有部分或全部断线、外皮烧焦、露出芯线的现象。

(2)手触检查

手触检查主要是用手指触摸元器件,看元器件的焊点有无松动、焊接不牢的现象。用镊子夹住元器件引线轻轻拉动,有无松动现象。

(3)通电检查

通电检查必须在目视检查和手触检查无错误的情况之后进行,这是检验电路性能的关键步骤。通电检查可以发现许多微小的缺陷,例如用目测观测不到的电路桥接,印制线路的断裂等。

3)焊点的常见缺陷及原因分析

焊点的常见缺陷有虚焊、拉尖、桥接、球焊、印制电路板铜箔起翘、焊盘脱落、导线焊接不当等。造成焊点缺陷的原因很多，在材料（焊料与焊剂）和工具（烙铁、夹具）一定的情况下，采用什么样的焊接方法，以及操作者是否有责任心就起决定性的因素了。

（1）虚焊

虚焊又称假焊，是指焊接时焊点内部没有真正形成金属合金的现象。

造成虚焊的主要原因是：元器件引线或焊接面氧化或有杂质、未做好清洁，焊锡质量差，焊剂性能不好或用量不当，焊接温度掌握不当（温度过低），焊接结束但焊锡尚未凝固时被焊接元件移动等。

虚焊造成的后果：信号时有时无，噪声增加，电路工作不正常，产品会出现一些难以判断的"软故障"。

虚焊点是焊接中最常见的缺陷，也是最难发现的焊接质量问题。有些虚焊点的内部开始时有少量连接部分，在电路开始工作时没有暴露出其危害；随着时间的推移，外界温度、湿度的变化，电子产品使用时的振动等，虚焊点内部的氧化逐渐加强，连接点越来越小，最后脱落成浮置状态，产品出现一些难以判断的"软故障"，导致电路工作时好时坏，最终完全不能工作。据统计数据表明，在电子产品的故障中，有将近一半是由于虚焊造成的。所以，虚焊是电路可靠性的一大隐患，必须严格避免。

（2）拉尖

拉尖是指焊点表面有尖角、毛刺的现象。

造成拉尖的主要原因是：烙铁头离开焊点的方向不对、电烙铁离开焊点太慢、焊料质量不好、焊料中杂质太多、焊接时的温度过低等。

拉尖造成的后果：外观不佳、易造成桥接现象；对于高压电路，有时会出现尖端放电的现象。

（3）桥接

桥接是指焊锡将电路之间不应连接的地方误焊接起来的现象。

造成桥接的主要原因是：焊锡用量过多、电烙铁使用不当（如，烙铁撤离焊点时角度过小）、导线端头处理不好、自动焊接时焊料槽的温度过高或过低等。

桥接造成的后果：导致产品出现电气短路、有可能使相关电路的元器件损坏。

（4）球焊

球焊是指焊点形状像球形、与印制板只有少量连接的现象。

造成球焊的主要原因是：印制板面有氧化物或杂质造成的。

球焊造成的后果：由于被焊部件只有少量连接，因而其机械强度差，略微振动就会使连接点脱落，造成虚焊或断路故障。

（5）印制板铜箔起翘、焊盘脱落

造成印制板铜箔起翘、焊盘脱落的主要原因是：焊接时间过长、温度过高、反复焊接造成的；或在拆焊时，焊料没有完全熔化就拔取元器件造成的。

印制板铜箔起翘、焊盘脱落造成的后果：使电路出现断路，或元器件无法安装的情况，甚至整个印制板损坏。

（6）导线焊接不当

导线焊接不当，会引起电路的诸多故障，常见的故障现象有以下几种：

①导线的芯线过长；容易使芯线碰到附近的元器件造成短路故障。

②导线的芯线太短,焊接时焊料浸过导线外皮;容易造成焊点处出现空洞虚焊的现象。

③导线的外皮烧焦、露出芯线的现象;这是由于烙铁头碰到导线外皮造成的。这种情况下,露出的芯线易碰到附近的元器件造成短路故障,且外观难看。

④摔线现象和芯线散开现象,是因为导线端头没有捻头、捻头散开或烙铁头压迫芯线造成的。这种情况容易使芯线碰到附近的元器件造成短路故障,或出现焊点处接触电阻增大、焊点发热的现象。

任务实施

1. 任务实施条件

①每人配备电烙铁一把。

②每人配备万用表一台。

③每人配备可焊接印制板一块。

④每人配备各种元器件若干。

⑤每人配备烙铁架、镊子、尖嘴钳、斜口钳等各一把。

⑥每人配备松香、焊锡少许。

2. 任务实施过程

①用橡皮擦清理印制电路板焊盘。

②清理元器件引线表面。

③元器件的插装。

④元器件的焊接。

⑤对装配好元器件的印制电路板进行检查,根据焊接检验标准对焊点进行检查。

⑥用电烙铁将缺陷焊点焊锡熔化,同时用吸锡电烙铁将焊锡吸走。

⑦用吸锡电烙铁或金属网线对元器件进行拆焊。

⑧重新对拆焊部位进行焊接。

3. 考核评分标准

项目内容	配分	考核内容及评分标准
手工焊接训练	80	(1)工具及仪表使用不当,每次扣5分 (2)印制电路板装配的方法不正确,扣10分 (3)损坏元器件,每只扣20~30分 (4)印制电路板装配不美观,扣10分 (5)印制电路板检查的方法不正确,每次扣5分 (6)印制电路板拆焊的方法不正确,每次扣10分 (7)损坏元器件或印制电路板,每次扣10分
学习态度及职业道德	20	
安全文明生产		违反安全文明操作规程 扣10~60分
定额时间		3课时,训练不得超时,每超5分钟(不足5分钟按5分计)扣5分
备注		除定额时间外,各项内容最高扣分不超过配分数 成绩评定:

任务 2 - 2　技术文件认识

任务描述

根据对已有电子工艺知识的了解,进一步深入学习电子工艺管理中的各类技术文件,能够认识各类技术文件的作用、格式及特点。

任务相关知识

在产品研发设计过程中形成的反映产品功能、性能、构造特点及测试试验等要求,并在生产中必需的图纸和说明性文件,统称为电子产品技术文件。因为电子产品技术文件主要用图的形式来表达,所以也常被称为电子工程图。

电子产品技术文件用符合规范的"工程语言"描述产品的设计内容、表达设计思想、指导生产过程。其"词汇"就是各种图形、符号及记号,其"语法"则是有关符号的规则、标准及表达形式的简化方式等。

知识一　技术文件简介

电子产品项目确定后,首先就要根据技术工作要求形成技术文件。

技术文件是电子产品设计、试制、生产、使用和维修的基本理论依据。在从事电子产品规模生产的制造业,产品技术文件具有生产法规的效力,必须执行统一的严格标准,实行严明的规范管理,不允许生产者有个人的随意性。技术文件的完备性、权威性和一致性是不容置疑的。

一、技术文件的分类

在电子产品开发、设计、制作的过程中,形成的反映产品功能、性能、构造特点及测试试验要求的图样和说明性文件,统称为电子产品的技术文件,由于该技术文件主要由各种形式的电路图构成,所以技术文件又称为电子工程图。

技术文件包含多种,常用的分类方法如下:

①按制造业中的技术来分,技术文件可分为设计文件和工艺文件两大类。

②在非制造业领域里,按电子技术图表本身特性来分,可分为工程性图表和说明性图表两大类。前者是为产品的设计、生产而用的,具有明显的"工程"特性;而后者是用于非生产目的,例如技术交流、技术说明、专业教学、技术培训等方面,它有较大的"随意性"和"灵活性",可以随着电子技术的发展,不断有新的名词、符号和代号出现。

二、技术文件的特点和作用

产品技术文件是企业组织生产和实验管理的法规,因而对它有严格的要求。

1. 标准严格

电子产品种类繁多,但其表达形式和管理办法必须通用,即其技术文件必须标准化。标准化是确保产品质量、实现科学管理、提高经济效益的基础,是信息传递、交流的纽带,是产品进入国际市场的重要保证。我国电子行业的标准目前分为三级,即国家标准(GB)、专业(部)标准(ZB)和企业标准。

产品技术文件要求全面、严格地执行国家标准,要用规范的"工程语言(包括各种图形、符号、记号、表达形式等)"描述电子产品的设计内容和设计思想,指导生产过程。电子产品文件标准是依据国家有关的标准制定的,如电气制图应符合国家标准 GB 6988. X－86《电气制图》的有关规定,电气图形符号标准应符合国家标准 GB 4728－83 和 GB 4728－84《电气图用图形符号》的有关规定,电气设备用图形符号应符合国家标准 GB 5465. X－85 的有关规定等。

2. 格式严谨

按照国家标准,工程技术图具有严谨的格式,包括图样编号、图幅、图栏、图幅分区等其中图幅、图栏等采用与机械图兼容的格式,便于技术文件存档和成册。

3. 管理规范

产品技术文件由技术管理部门进行管理,涉及文件的审核、签署、更改、保密等方面都由企业规章制度约束和规范。技术文件中涉及核心技术的资料,特别是工艺文件是一个企业的技术资产,对技术文件进行管理和不同级别的保密是企业自我保护的必要措施。

三、技术文件的计算机管理

技术文件的计算机管理是指:利用先进的计算机技术和强大丰富的计算机应用软件,来实现电子产品技术文件的编制和管理,该过程也称为技术文件的电子编制和管理。

1. 计算机编制技术文件的常用软件

目前,编制技术文件的常用计算机软件有:AutoCAD、Protel、CAD、Multisim 以及 Microsoft Office 等,这些软件可用于设计绘制电路方框图、电路原理图、PCB 图、连线图、零件图、装配图等,并且可以进行仿真实验,调整设计过程和设计结果,编写各种企业管理和产品管理文件,制作各种计划类和财务类表格等。

2. 计算机技术编制和管理技术文件的特点

利用计算机技术可以方便快捷地编制技术文件,简单方便地修改、变更、查询技术文件,大大缩短了编制文件的时间,规范了文件的编制,提高了文件的管理水平和效率。但计算机病毒的侵入会破坏电子文档的技术文件,带来严重的不良后果,因而在实行计算机编制文件和管理文件的过程中,应注意做好备份。

知识二　设计文件介绍

设计文件是产品在研究、设计、试制和生产实践过程中积累而形成的图样及技术资料。它规定了产品的组成形式、结构尺寸、原理以及在制造、验收、使用、维护和修理过程中所必需的技术数据和说明,是组织产品生产的基本依据。

电子产品的设计程序包括:编制技术任务书、技术设计、工程图纸设计等三个阶段。各个阶段所撰写的文字材料或绘制的图纸,都是设计产品的技术文件。

编制设计文件时,其内容和组成应根据产品的复杂程度、继承性、生产批量、组成生产的方式以及是试制还是生产等特点区别对待,在满足组织生产和使用要求的前提下编制所需的设计文件。

设计文件一般包括各种图纸(如:电路原理图、装配图、接线图等)、功能说明书、元器件清单等,通常有以下几种分类方法:

1. 按表达的内容分类

按表达的内容,设计文件可分为:

(1)图样:以投影关系绘制。用于说明产品加工和装配要求的设计文件,如装配图、零件图、外形图等。

(2)略图:以图形符号为主绘制。用于说明产品电气装配连接,各种原理和其他示意性内容的设计文件,如电原理图、方框图、接线图等。

(3)文字和表格:以文字和表格的方式,说明产品的技术要求和组成情况的设计文件,如说明书、明细表、汇总表等。

2. 按形成的过程分类

按形成的过程,可分为:

(1)试制文件:是指设计性试制过程中所编制的各种文件。

(2)生产文件:是指设计性试制完成后,经整理修改,为进行生产(包括生产性试制)所用的设计性文件。

3. 按绘制过程和使用特征分类

按绘制过程和使用特征,可分为:

草图:是设计产品时所绘制的原始图样,是供生产和设计部门使用的一种临时性的设计文件。草图可用徒手方式绘制。

(2)原图:供描绘底图用的设计文件。

(3)底图:是作为确定产品及其组成部分的基本凭证图样。它是用以复制复印图的设计文件。

(4)载有程序的媒体:是载有完整独立的功能程序的媒体,如计算机用的磁盘、光盘等。

知识三　工艺文件介绍

工艺文件是企业组织生产、指导工人操作和用于生产、工艺管理等的各种技术文件的总称。它是产品加工、装配、检验的技术依据,也是企业组织生产、产品经济核算、质量控制和工人加工产品的主要依据。

工艺文件与设计文件同是指导生产的文件,两者是从不同角度提出要求的。设计文件是原始文件,是生产的依据;而工艺文件是根据设计文件提出的加工方法,以实现设计图纸上的要求并以工艺规程和整机工艺文件图纸指导生产,以保证任务的顺利完成。

工艺文件要根据产品的生产性质、生产类型、产品的复杂程度、重要程度及生产的组织形式等进行编制。

一、工艺文件分类和作用

工艺文件分为工艺管理文件和工艺规程两大类。

1. 工艺管理文件

工艺管理文件是企业科学地组织生产和控制工艺工作的技术文件。不同企业的工艺管理文件的种类不完全一样,但基本文件都应当具各,主要有:工艺文件目录、工艺路线表、材料消耗工艺定额明细表、配套明细表、专用及标准工艺装配表等。

2. 工艺规程

工艺规程是规定产品和零件的制造工艺过程和操作方法等的工艺文件,主要包括过程卡片、工艺卡片和工艺守则等,是工艺文件的主要部分。

过程卡片规定了电子产品的全部工艺路线、使用的工艺设备、工艺流程和各道工序的名称等,供生产管理人员和调度员使用。

工艺卡片和工艺守则包括制造电子产品的操作规程、加工的工艺类别,以及产品的作业指导书等。常见的工艺卡片包括机械加工工艺卡、电气装配工艺卡、扎线工艺卡、油漆涂覆工艺卡等。

二、调试工艺文件

调试工艺文件是产品工艺文件中的一部分,它属于工艺规程类的工艺文件,调试工艺文件是工厂或企业的技术部门根据国家或企业颁布的标准(一般企业标准要高于国家标准,有的产品为达到更高的质量,还有内控标准)及产品的等级规格拟定的,是用来规定产品生产过程中,调试的工艺过程、调试的要求及操作方法等的工艺文件,是产品调试的唯一依据和质量保证,也是调试人员的工作手册和操作指导书。

1. 基本内容

无论是整机调试还是单元部件调试,在生产线上都是由若干工作岗位完成的,因此,调试工艺文件的基本内容应包括以下几项。

(1)调试工位的顺序及岗位数。

(2)各调试工位的工作内容,即每个工位制定的工艺卡,其工艺卡包括的内容如下。

①各工位需要人数及技术等级、工时定额。

②需要的调试仪器、设备、工装及工具、材料。

③调试线路图,具体接线和具体要求。

④调试资料及要求记录的数据、表格等。

⑤调试的技术要求及具体方法、步骤。这是工艺卡的主体,要求具体、明确,例如用示波器观察某点的信号波形,应标明示波器各功能旋钮的具体档位,连接电缆的具体连接点,具体波形图及误差允许的范围,实际波形显示的"格"数。

(3)调试工作的特殊要求及其他说明。如安全操作规程,调试条件,注意事项,调试责任人的签署及交接手续等。

2. 调试工艺文件的制定原则

(1)根据产品的规格等级、性能指标及应用方向,确定调试项目及要求。

(2)应充分利用本企业的现有设备条件,使调试方法、步骤合理可行,操作者方便安全。尽量利用先进的工艺技术,提高生产效率和产品质量。

(3)调试内容和测试步骤应尽可能具体,可操作性要强。

(4)测试条件和安全操作规程要写仔细清楚。测试数据尽可能表格化,便于综合分析。

三、工艺调试方案

调试方案是根据产品的技术要求和设计文件的规定以及有关的技术标准,制定的调试项目、技术指标要求、规则、方法和流程安排等总体规划和调试手段,是调试工艺文件的基础。

调试方案的制定应从技术要求、生产效率要求和经济要求等三个方面综合考虑,才能制定出科学合理,行之有效的调试方案。

1. 技术要求

保证实现产品设计的技术要求是调试的首要任务。将系统或整机技术指标分解落实到每一个单元部件的调试技术指标中,被分解的指标要能确保在系统或整机调试中达到设计技术指标要求。在确定调试指标时,为了留有余地,一般各单元调试指标定得比整机调试的指标高,而整机调试指标又比设计指标高。

例如,某毫伏表整机额定指标要求误差≤2.5%,设计整机指标定为2.3%,整机调试指标应≤2.3%;因而可把整机调试指标误差定为2.2%,而每个部件单元误差指标,应根据该部件在整机中作用和位置各自不同,这些指标综合的结果使整机误差≤2.2%。从技术要求角度讲,各单元的指标越高,整机指标就越容易实现。指标分配还要根据调试实现的难易来合理安排。否则,可能使方案失败。

2. 生产效率要求

提高生产效率具体到调试工序中,就要求调试尽可能简单方便,省时省工。以下几点是提高调试效率的关键。

(1)调试仪器、设备的选用。通用仪器、设备操作一般较复杂,对规模生产而言,每个工序尽量简化操作,因此,尽可能选专用设备及自制工装设备。

(2)调试步骤及方法尽量简单明了,仪表指示及监测点数不宜过多(一般超过三个监测点时,就应考虑采用声、光等监测信息)。

(3)尽量采用先进的智能化设备和先进的调试方法,降低对调试人员技术水平的要求。

3. 经济要求

经济要求调试工作成本最低。总体上说经济要求与技术要求、效率要求是一致的,但在具体工作中往往又是矛盾的,需要统筹兼顾,寻找最佳组合。例如:技术要求高,能保证产品质量和企业信誉,经济效益必然高,但如果调试技术指标定得过高,将使调试难度增加,成品率降低,而引起经济效益下降;效率要求高,调试工时少,经济效益必高,但如果只强调效率而大量研制专用设备或采用高价值智能调试设备而使设备费用增加过多,也会影响经济效益。

四、工艺文件的管理要求

电子工艺文件的编制是根据生产产品的具体情况,按照一定的规范和格式完成的;为保证产品生产的顺利进行,应该保证工艺文件的完整齐全(成套性),并按一定的规范和格式要求汇编成册。

中华人民共和国电子行业标准(SJ/T 10324—92)对工艺文件的成套性提出了明确的要求,分别规定了电子产品在设计定型、生产定型、样机试制或一次性生产时,工艺文件的成套性标准。

工艺文件的成册要求是指,对某项产品成套性工艺文件的装订成册要求。它可按设计文件所划分的整件为单元进行成册,也可按工艺文件中所划分的工艺类型为单元进行成册,同时也可以根据其实际情况按上述两种方法进行混合交叉成册。成册的册数根据产品的复杂程度可成为一册或若干册,但成册应有利于查阅、检查、更改、归档。通常,整机类电子产品在生产过程中,工艺文件应包含的主要项目包括以下内容。

1. 工艺文件封面

工艺文件封面装在成册的工艺文件的最表面。封面内容应包含产品类型、产品名称、产品图号、本册内容以及工艺文件的总册数、本册工艺文件的总页数、在全套工艺文件中的序号、批准日期等。

2. 工艺文件明细表

工艺文件明细表是工艺文件的目录。成册时,应装在工艺文件的封面之后。明细表中包含:零部整件图号、零部整件名称、文件代号、文件名称、页码等内容。

3. 材料配套明细表

材料配套明细表给出了产品生产中所需要的材料名称、型号规格及数量等。

4. 装配工艺过程卡

装配工艺过程卡又称工艺作业指导卡,它反映了电子整机装配过程中,装配准备、装联、调试、检验、包装入库等各道工序的工艺流程。它是完成产品的部件、整机的机械性装配和电气连接装配的指导性工艺文件。

5. 工艺说明及简图

工艺说明及简图用来编制在其他格式上难以表达清楚、重要的和复杂的工艺。它用简图、流程图、表格及文字形式进行说明。

6. 导线及线扎加工表

导线及线扎加工表为整机产品、分机、部件等进行系统的内部电路连接,提供各类相应的导线及扎线、排线等的材料和加工要求。

7. 检验卡

检验卡提供电子产品生产过程中所需的检验工序,它包括:检验内容、检验方法、检验的技术要求及检验使用的仪器设备等内容。

五、工艺文件的编号及简号

工艺文件的编号是指工艺文件的代号,简称"文件代号"。它由三个部分组成:企业区分简号可加区分号予以说明,示例如图 2.3 所示。

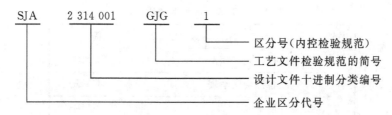

图 2.3　工艺文件的编号

第一部分是企业区分代号,由大写的汉语拼音字母组成,用以区分编制文件的单位,例如图中的"SJA"即上海电子计算机厂的代号。

第二部分是设计文件十进制数分类编号。

第三部分是工艺文件的简号,由大写的汉语拼音字母组成,用以区分编制同一产品的不同种类的工艺文件,图中的"GJG"的意思是"工艺文件检验规范"的简号。

区分号:当同一简号的工艺文件有两种或两种以上时,可用标注脚号(数字)的方法以区分的工艺文件。

常用的工艺文件简号规定如表 2.1 所示。

表 2.1　工艺文件的简号规定

序号	工艺文件名称	简号	字母含义
1	工艺文件目录	GML	工目录
2	工艺路线表	GLB	工路表
3	工艺过程卡	GGK	工过卡
4	元器件工艺表	GZB	工元表
5	导线及扎线加工表	GMB	工扎表
6	各类明细表	GZP	工明表
7	装配工艺过程卡	GSM	工装配
8	工艺说明及简图	GSK	工说明
9	塑料压制件工艺卡	GSK	工塑卡
10	电镀及化学镀工艺卡	GDK	工镀卡
11	电化涂覆工艺卡	GQK	工涂卡
12	热处理工艺卡	GRK	工热卡
13	包装工艺卡	GBZ	工包装
14	调试工艺	GTS	工调试
15	检验规范	GJG	工检规
16	测试工艺	GCS	工测试

对于填有相同工艺文件名称及简号的各工艺文件,不管其使用何种格式,都应认为是属同一份独立的工艺文件,它们应在一起计算其张数。

表 2.2 为各类工艺文件用的明细表。

表 2.2　工艺文件用各类明细表

序号	工艺文件各类明细表	简　号
1	材料消耗工艺定额汇总表	GMB1
2	工艺装备综合明细表	GMB2
3	关键件明细表	GMB3
4	外协件明细表	GMB4
5	材料工艺消耗定额综合明细表	GMB5
6	配套明细表	GMB6
7	热处理明细表	GMB7
8	涂覆明细表	GMB8
9	工位器具明细表	GMB9
10	工量器件明细表	GMB10
11	仪器仪器明细表	GMB11

任务实施

1. 任务实施条件

(1)电子产品原理图一份。

(2)某电子产品技术文件一套。

2. 任务实施过程

(1)分析电子产品原理图。

(2)识读该产品技术文件。

(3)小组讨论对技术文件的认识。

(4)制作电子产品工艺文件格式。

3. 考核评分标准

项目内容	配分	考核内容及评分标准	
技术文件识读	80	(1)原理图分析不正确,扣 10 分 (2)技术文件归类不正确,扣 10 分 (3)工艺文件格式编制不正确,每次扣 5 分	
学习态度及职业道德	20		
安全文明生产		违反安全文明操作规程 扣 10～60 分	
定额时间		2 课时,训练不得超时,每超 5 分钟(不足 5 分按 5 分计)扣 5 分	
备注		除定额时间外,各项内容最高扣分不超过配分数。	成绩评定:

任务 2 - 3　导线的加工

任务描述

将电子产品中所需的导线进行处理和加工，并编制导线加工工艺卡。

任务相关知识

各类导线在使用、焊接之前需要对其进行处理和加工，不同导线的处理有不同的加工方法。

知识一　普通导线的加工

普通导线的加工包括导线的截断和线端头处理，有的还需印标记。对于裸导线，只要按设计要求的长度截断就可以了。对于有绝缘层的导线，其加工分为以下几个过程：剪裁、剥头、捻头（多股线）、搪锡、清洗和印标记等工序。

1. 剪裁

剪裁是指按工艺文件的导线加工表的规定进行导线的剪切。

(1)剪裁要求。根据"先长后短"的原则，先剪长导线，后剪短导线，这样可减少线材的浪费。剪裁绝缘导线时，要先拉直再剪切，其剪切刀口要整齐，不损伤导线，且剪切的导线长度要符合公差要求。

(2)剪线使用的工具和设备。剪线使用的工具和设备包括：斜口钳、钢丝钳、钢锯、剪刀、半自动剪线机或自动剪线机等。

2. 剥头

将绝缘导线的两端去除一段绝缘层，使芯线导体露出的过程就是剥头。

(1)剥头要求。剥头长度应符合工艺文件的要求，剥头时不应损坏芯线，认真检查导线的绝缘层是否损坏和芯线是否有锈蚀。使用剥线钳剥头时要选择与芯线粗细相配的剥线口，并要对准所需要的剥头距离。腊克线和塑胶线可用电剥头器剥头。

(2)剥头长度的确定方法。剥头长度 L 应根据芯线截面积、接线端子的形状以及连接形式来确定，若工艺文件的导线加工表中无明确要求时，可按照一般要求来选择剥头长度。

(3)剥头方法。导线剥头是指去除导线外层绝缘层的过程。导线剥头方法通常分为热截法和刃截法两种。

①刃截法。手工刃截法多使用剥线钳，而在大批量生产中，则多使用自动剥线机。使用剥线钳进行剥头时，只要把导线端头放进钳口里，握紧钳柄，然后松开，取出导线即可。由于剥线钳的钳口排列有大小不同的刃口，应根据导线的粗细选择合适的刃口。

刃截法的优点是操作简单易行，缺点是可能损伤导线的芯线，因此单股导线禁止用刃截法。

②热截法。热截法通常使用热控剥皮器去除导线的绝缘层。操作时，按设计要求的长度把绝缘导线放在两个电极之间，为使切口对齐，应边加热边转动导线。

热截法的特点是：操作简单，不损伤芯线，但工作时需要电源，加热绝缘材料会产生有毒气体。因此,使用该方法时要注意通风。

3. 捻头

多股导线剥去绝缘层后,芯线容易松散、折断,不利于安装。因此,多股导线剥头后,必须进行捻头处理。捻线可采用手工捻线或捻线机捻线。

捻头的方法是:按多股芯线原来合股的方向扭紧,芯线扭紧后不得松散,一般捻线角度约为 30°～45°。如果芯线上有涂漆层,必须先将涂漆层去除后再捻头。捻头时,用力不宜过大,否则易捻断芯线。

4. 搪锡(又称上锡)

搪锡是指对捻紧端头的导线进行浸涂焊料的过程。搪锡可以防止已捻头的芯线散开及氧化,并可提高导线的可焊性,减少虚焊、假焊的故障现象。

搪锡可采用搪锡槽搪锡或电烙铁手工搪锡的方法进行。

(1)搪锡槽搪锡。将捻好头的干净导线的端头蘸上助焊剂(如松香水),然后将适当长度的导线端头插入熔融的锡铅合金中,待润湿后取出,浸锡时间一般为 1～3 s 即可。浸涂层到绝缘层的距离为 1～2 mm,这是为了防止导线的绝缘层因过热而收缩或破裂或老化,同时也便于检查芯线伤痕和断股。

(2)电烙铁手工搪锡。将已经加热的烙铁头带动熔化的焊锡,在已捻好头的导线端头上,顺着捻头方向来回移动,完成导线端头的搪锡过程。这种方法一般用在小批量生产或产品的设计、试制阶段。

5. 清洗

导线芯线端头浸锡后,可能会残留一些脏物而影响焊接,应及时将其进行清洗。多采用无水酒精作清洗液,既能清洗脏物,又能迅速冷却浸锡导线,保护导线的绝缘层。

6. 印标记

由于复杂的产品中使用了很多导线,单靠塑胶线的颜色已不能区分清楚,应在导线两端印上线号或色环标记,才能使安装、焊接、调试、修理、检查时方便快捷。印标记的方式有导线端印字标记、绝缘导线染色环标记和用标记套管作标记等。

(1)导线端印字标记。在导线的两端印上相同的数字作为导线标记的方法。标记的位置应在离绝缘层端 8～15 mm 处(有特殊要求的按工艺文件执行)。印字要清晰,印字方向要一致,字号大小应与导线粗细相适应。零加线(机内跨接线)不在线扎内,可不印标记。短导线可只在一端印标记。深色导线用白色油墨,而浅色导线用黑色油墨,以使字迹清晰。标记的字符应与图纸相符,且符合国家标准《电气技术的文字符号制定通则》中的有关规定。

(2)绝缘导线染色环标记。在导线的两端印上色环数目相等、色环颜色相同的色环作为该导线标记的方法。印染色环的位置应根据导线的粗细,从距导线绝缘端 10～20 mm 处开始进行,其色环宽度为 2 mm,色环距离为 2 mm。导线色环并不代表数字,而是区别不同导线的一种标志,色环读法是从线端开始向后顺序读出。用少数颜色排列组合可构成多种色标;例如,用红、黑、黄三色组成的色标标记为:单色环有 3 种,双色环有 9 种,三色环有 27 种,即 3 种不同的颜色可组合成 39 种色环标志。

印染色环所用设备有染色环机、眉笔、台架等。所用颜色由各色盐基性染料加聚氯乙烯 10%、二氯乙烷 90% 配制而成。

（3）用标记套管作标记。成品标记套管上印有各种字符，并有不同内径，使用时按要求剪断，套在导线端头作标记即可。

知识二　屏蔽导线或同轴电缆的加工

屏蔽导线或同轴电缆的结构要比普通导线复杂，此类导线的导体分为内导体和外导体，故对其进行线端加工处理又要复杂许多。在对此类导线进行端头处理时，应注意去除的屏蔽层不宜太多，否则会影响屏蔽效果。

屏蔽导线或同轴电缆的加工一般包括：不接地线端的加工、直接接地线端的加工和导线的端头绑扎处理等。

1. 屏蔽导线或同轴电缆不接地线端的加工

屏蔽导线或同轴电缆进行不接地线端的加工步骤如下。

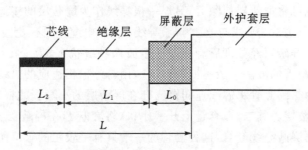

图 2.4　屏蔽导线或同轴电缆端头的加工示意图

（1）去外护层。用热切法或刃切法去掉一段屏蔽导线或同轴电缆的外护套（即屏蔽层外的绝缘保护层），切去的长度 L 要根据工艺文件的要求去除；或根据工作电压确定内绝缘层端到外屏蔽层端的距离 L_1（工作电压越高，剥头长度越长），根据焊接方式确定芯线的剥头长度 L_2，从而确定外护套的切去长度 L。即外护套层的切除长度 $L = L_1 + L_2 + L_0$（$L_0 = 1 \sim 2$ mm），如图 2.4 所示。绝缘层 L_1 的长度按表 2.3 确定剪切，芯线 L_2 的长度则按普通导线要求确定。

表 2.3　L_1 与工作电压的关系

工作电压/V	内绝缘层长度 L_1/mm
<500	10～20
500～3000	20～30
>3000	30～50

（2）去屏蔽层。去屏蔽层的方法是：左手拿住屏蔽导线的外护套，用右手手指向左推屏蔽层，然后剪断松散的屏蔽层。剪断长度应根据导线的外护套厚度及导线粗细来定，留下的长度（从外护层端开始计算），约为外护套厚度的两倍。

（3）屏蔽层修整。剪断松散的屏蔽层后，将剩下的屏蔽层向外翻套在外护套外面，并使端面平整。

（4）加套管。屏蔽层修整后，应套上热收缩套管并加热，使套管将外翻的屏蔽层与外护套套牢。

(5)芯线剥头。芯线剥头的方法、要求同普通塑胶导线。

(6)芯线浸锡和清洗。芯线浸锡和清洗的方法、要求同普通塑胶导线。

2.屏蔽导线直接接地线端的加工

屏蔽导线直接接地的线端加工步骤为：

(1)去外护层。用热切法或刃切法去掉一段屏蔽导线的外护套,其切去的长度要求与上述"屏蔽导线或同轴电缆进行不接地线端的加工"中的要求相同。

(2)拆散屏蔽层。用钟表镊子的尖头将外露的编织状或网状的屏蔽层由最外端开始,逐渐向里挑拆散开,使芯线与屏蔽层分离开。

(3)屏蔽层的剪切修整。将分开后的屏蔽层引出线按焊接要求的长度剪断,其长度一般比芯线的长度短,这是为了使安装后的受力由受力强度大的屏蔽层来承受,而受力强度小的芯线不受力,因而芯线不易折断。

(4)屏蔽层捻头与搪锡。将拆散的屏蔽层的金属丝理好后,合在一边并捻在一起,然后进行搪锡处理。有时,也可将屏蔽层切除后,另焊一根导线作为屏蔽层的接地线。

(5)芯线线芯加工。方法与要求与上述"屏蔽导线或同轴电缆进行不接地线端的加工"相同。

(6)加套管。由于屏蔽层经处理后有一段呈多股裸导线状态,为了提高绝缘和便于使用,需要加上一套管。加套管的方法一般有三种:其一,用与外径相适应的热缩套管先套已剥出的屏蔽层,然后用较粗的热缩套管将芯线连同自己套在屏蔽层的小套管的根部一起套住,留出芯线和一段小套管及屏蔽层。其二,在套管上开一小口,将套管套在屏蔽层上,芯线从小口穿出来。其三,采用专用的屏蔽导线套管,这种套管的一端只有一较粗的管口而另一端有一大一小两个管口,分别套在屏蔽层和芯线上。

3.加接导线引出接地线端的处理

有时对屏蔽导线或同轴电缆还要进行加接导线来引出接地线端的处理。通常的做法是,将导线的线端处剥脱一段屏蔽层,进行整形搪锡,并加接导线做接地焊接的准备。其处理的步骤如下:

(1)剥脱屏蔽层并整形搪锡。剥脱屏蔽层的方法可采用在屏蔽导线端部附近把屏蔽层开个小孔,挑出绝缘导线把剥脱的屏蔽层编织线整形、捻紧并搪好锡。

(2)在屏蔽层上加接接地导线。有时剥脱的屏蔽层长度不够,须加焊接地导线。把一段直径为 0.5~0.8 mm 的镀银铜线的一端,绕在已剥脱的并经过整形搪锡处理的屏蔽层上约 2~3 圈并焊牢。

(3)加套管的接地线焊接。有时也可以在剪除一段金属屏蔽层之后,选取一段适当长度的导线焊牢在金属屏蔽层上做接地导线,再用绝缘套管或热缩性套管套住焊接处(起保护焊接点的作用)。

4.多芯屏蔽导线的端头绑扎处理常识

多芯屏蔽导线是指在一个屏蔽层内装有多根芯线的电缆。多芯屏蔽导线的种类很多,有的不需要绑扎,有的只需要在端头加套热缩性套管即可。

棉织线套多股电缆一般用做经常移动器件的连线,如电话线、航空帽上耳机线及送话器线等,因而棉织线套低频电缆的端头需要进行绑扎。绑扎棉织线套多股电缆的端头时,应根据工艺要求,先剪去适当长度的棉织线套,然后用棉线绑扎棉织套端。绑扎缠绕的宽度约为 4~8mm,拉紧绑线后,应将多余的绑线剪掉,并在绑线上涂以清漆 Q98-1 胶。

5. 扁平电缆的加工

扁平电缆采用穿刺卡接的方式与专用插头连接时,基本上不需进行端头处理;但采用直接焊装或普通插头压接时,就必须进行端头加工处理。加工过程简述如下:

剥去扁平电缆绝缘层需要专门的工具和技术。最普通的方法是使用摩擦轮剥皮器的剥离法,两个胶木轮向相反方向旋转,对电缆的绝缘层产生摩擦而熔化绝缘层,然后,绝缘层熔化物被抛光刷刷掉。如果摩擦轮的间距正确,就能做到整齐清洁地剥去需要剥离的绝缘层。

扁平电缆与电路板的连接常用焊接法或专用固定夹具完成。

任务实施

1. 任务实施条件

(1)配备斜口钳、剥皮刀、电烙铁、焊锡丝、镊子、剪刀、直尺、剥线钳、电热风机,不同规格的一字形、十字形改锥若干套。

(2)单芯、多芯塑胶绝缘导线若干。

(3)具有金属编织屏蔽层的电缆、高频同轴软线、热缩套管若干。

(4)电源插头、插线板、屏蔽电缆插头、插座、同轴电缆插头等接插件若干。

2. 任务实施过程

(1)用斜口钳或剪刀剪取一定长度的单芯或多芯塑胶绝缘导线。

(2)用剥皮刀或剥线钳将导线两端的绝缘层按要求剥除。

(3)对多股芯线捻头。

(4)给导线端头上锡。

(5)用斜口钳或剪刀剪取一定长度的屏蔽导线和同轴电缆。

(6)用剥皮刀或剥线钳将导线两端的绝缘层按要求剥除。

(7)将屏蔽层与绝缘芯线分开。

(8)对芯线和屏蔽编织线端进行整形。

(9)给芯线端头及屏蔽层搪锡。

(10)套套管。

(11)将导线与接插件连接起来。

3. 考核评分标准

项目内容	配分	考核内容及评分标准	
导线的加工	80	(1)工具及仪表使用不当,每次扣5分 (2)导线加工的方法不正确,扣10分 (3)损坏导线,每次扣10分 (4)加工后的产品不能使用,每根扣20分	
学习态度及职业道德	20		
安全文明生产		违反安全文明操作规程 扣10~60分	
定额时间		2课时,训练不得超时,每超5分钟(不足5分按5分计)扣5分	
备注		除定额时间外,各项内容最高扣分不超过配分数。	成绩评定:

任务 2 - 4　元器件的成型

任务描述

电子设备中的元器件通常是固定在印制电路板上的,在焊接前都要经过引线成型和插装两道工序。试用常用的工具对常用的元器件按手工焊接和自动焊接的要求进行元器件预成型。

任务相关知识

为了使元器件在印制电路板上的装配排列整齐,并便于安装和焊接,提高装配质量和效率,增强电子设备的防震性和可靠性,在安装前,根据安装位置的特点及技术方面的要求,要预先把元器件引线弯曲成一定的形状。

元器件引线成形是针对小型元器件的。大型器件不可能悬浮跨接,单独立放,而必须用支架、卡子等固定在安装位置上。小型元器件可用跨接、立、卧等方法进行插装、焊接,并要求受震动时不变动器件的位置。

知识一　元器件引线成型的技术要求

1. 元器件引线的预加工

元器件引线的预加工处理主要包括引线的校直、表面清洁及搪锡三个步骤。

预加工处理的要求:引线处理后,不允许有伤痕,镀锡层均匀,表面光滑,无毛刺和焊剂残留物。

2. 元器件成型的尺寸要求

元器件进行安装时,通常分为立式安装和卧式安装两种。

立式安装的优点:元件在印制板上所占的面积小,安装密度高;缺点是元件容易相碰,散热差,不适合机械化装配,所以立式安装常用于元件多、功耗小、频率低的电路。

卧式安装的优点:元件排列整齐、牢固性好,元件的两端点距离较大,有利于排版布局,便于焊接与维修,也便于机械化装配,缺点是所占面积较大。

(1)小型电阻或外形类似电阻的元器件的成型形状如图2.5。成型的尺寸应符合:

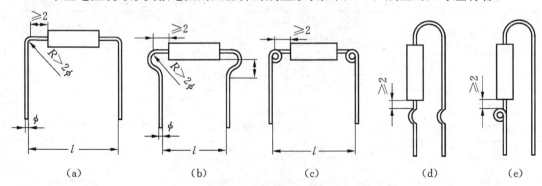

(a)　　　　(b)　　　　(c)　　　　(d)　　　　(e)

图 2.5　元器件成型尺寸要求

A≥2 mm;R≥2d(d 为引线直径)

立式安装时 h≥2 mm;　　卧式安装时 h＝0～2 mm。

(2)晶体管和圆形外壳集成电路的成型形状和尺寸要求。晶体管和圆形外壳集成电路的成型形状和尺寸要求如图 2.6 所示。

(3)扁平封装集成电路或贴片元件 SMD 的引线成型形状和尺寸要求。如图 2.7,图中 W 为带状引线的厚度,R≥2W。

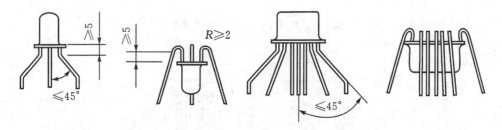

图 2.6　三极管和圆形外壳集成电路的引线成形要求

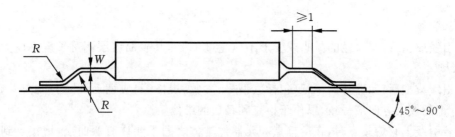

图 2.7　扁平封装集成电路的引线成形要求

图中 R≥2d(d 为引线直径),元器件与印制板有 2～5mm 的距离,多用于双面印制板或发热器件。

(4)元器件跨距不合适的成型要求。元器件跨距不合适的成型要求如图 2.8。

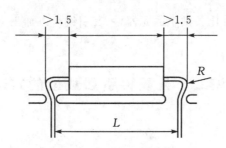

图 2.8　元器件跨距不合适的成型要求

(5)自动组装时元器件引线成型的形状。自动组装时元器件引线成型的形状如图 2.9。

(6)易受热的元器件的引线成型形状。易受热的元器件的引线成型形状如图 2.10。

3.元器件引线成型的技术要求

(1)成型后,元器件本体不应产生破裂,表面封装不应损坏,引线弯曲部分不允许出现模

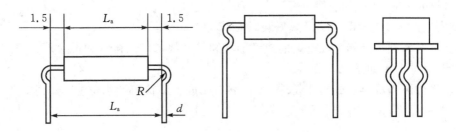

图 2.9　自动组装元器件成型要求

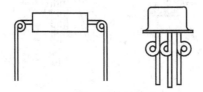

图 2.10　易受热元器件成型要求

印、压痕和裂纹。

（2）引线成型后,其直径的减小或变形不应超过 10%,其表面镀层剥落长度不应大于引线直径的 1/10。

（3）引线成型后,元器件的标记（包括其型号、参数、规格等）应朝上（卧式）或向外（立式）,并注意标记的读书方向应一致,以便于检查和日后的维修。

（4）若引线上有熔接点时,在熔接点和元器件本体之间不允许有弯曲点,熔接点到弯曲点之间应保持 2mm 的间距。

（5）引线成形后,两引出线要平行,其间的距离应与印制电路板两焊盘孔的距离相同。对于卧式安装,还要求两引线左右弯折要对称,以便于插装。

（6）对于自动焊接方式,可能会出现因振动使元器件歪斜或浮起等缺陷,宜采用具有弯弧的引线。

（7）晶体管及其他对温升比较敏感的元器件,其引线可以加工成圆环形,以加长引线,减小热冲击。

知识二　元器件引线成型的方法

1. 普通工具的手工成型
使用尖嘴钳或镊子等普通工具进行手工成型加工,如图 2.11。

2. 专用工具（模具）的手工成型
在没有成型专用设备或批量不大时,可应用专用工具（模具）成型,如图 2.12。

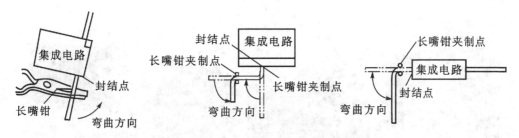

图 2.11　手工成型方法

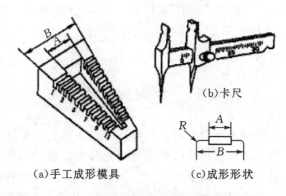

(a)手工成形模具　　　(c)成形形状

图 2.12　卧式安装元器件的成型模具

3.专用设备的成型

大批量生产时,可采用专用设备进行引线成型,以提高加工效率和一致性。如图 2.13、图 2.14。

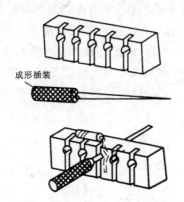

成形插装

图自动组装元器件或发热元器件的成型模具

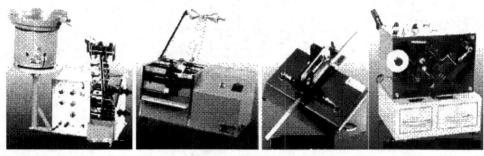

(a)散装电阻成形机　　(b)带式电阻成形机　　(c)I.C.成形机　　(d)自动跑线成形机

图 2.14　成型专用设备图

知识三　元器件的插装

元器件引线成型后,即可插入印制电路板的焊孔中。在插装元器件时应使元器件的引线尽可能短一些,同时要根据元器件所消耗的功率大小充分考虑散热问题。安装工作时易发热的元器件时,不宜将其紧贴在印制电路板上,这样不但有利于元器件的散热,同时热量也不易传到印制电路板上,从而可延长电路板的使用寿命,降低产品的故障率。

插装元器件时还要注意以下原则:

(1)装配时,应该先安装那些需要机械固定的元器件,如功率器件的散热器、支架、卡子等,然后再安装靠焊接固定的元器件,否则就会在机械紧固时,使印制电路板因受力变形而损坏其他元器件。

(2)插装各种元器件时,应使它们的标记(用色码或字符标注的数值、精度等)朝上或处于易于辨认的方向,并注意标记方向的一致性(从左到右或从上到下)。对于卧式安装的元器件,应尽量使其两端引线的长度相等、对称,应把元器件放在两孔中央,并排列整齐;立式安装的色环元器件的高度应一致,最好让其起始色环向上以便于检查安装错误。其上端的引线不要留得太长,以免与其他元器件短路。元器件的插装如图 2.15 所示。对于有极性的元器件,插装时要保证其方向要正确。

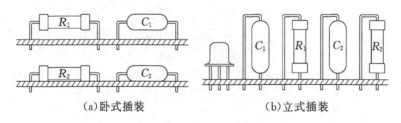

(a)卧式插装　　　　　　　　　　(b)立式插装

图 2.15　元器件的插装

(3)当元器件采用立式插装时,单位面积上容纳的元器件数量较多,因此这种安装适合用在机壳内空间较小、元器件紧凑密集的场合。但立式插装的机械性能较差,抗震能力弱,如果元器件倾斜,就有可能接触临近元器件而造成短路。为使引线相互隔离,往往可采用加套绝缘塑料管的方法。

(4)插装时不要用手直接碰元器件的引线和印制电路板上的铜箔,因为汗渍会影响焊接。

(5)元器件的引线穿过印制电路板的焊孔后,应留有一定的长度(一般在 2mm 左右),只有这样才能保证焊接的质量。其露出的引线可根据需要弯成不同的角度,如图 2.16 所示。

图 2.16(a)为不弯曲的形式,这种形式在焊接后的强度较差。图 2.16(b)为弯成 45°角的形式,这种形式既具有充分的机械强度,又容易在更换元器件时拆除重焊,故采用得较多。图 2.16(c)为弯成 90°的形式,这种形式强度最高,但拆除重焊较困难。在采用弯曲引线时,要注意弯曲方向,不能随意乱弯,以防止相邻的焊盘短路,一般应沿着印制导线的方向弯曲。

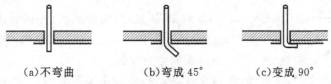

(a)不弯曲　　　　(b)弯成 45°　　　　(c)变成 90°

图 2.16　引线穿过焊孔后的成型示意图

任务实施

1.任务实施条件

(1)每人配备镊子一把、尖嘴钳一把、打好插装孔的印制电路板一块。

(2)每人配备电阻器几只,涤纶电容器、瓷片电容器和电解电容器各几只。

(3)每人配备不同封装的三极管各几只。

(4)每人配备集成电路一块。

(5)每人配备套管若干。

2.任务实施过程

(1)用镊子或尖嘴钳将电阻器加工成型。

(2)用镊子或尖嘴钳将电容器加工成型。

(3)用镊子或尖嘴钳将三极管加工成型。

(4)对阻容元件分别进行立式安装和卧式安装。

(5)对不同封装晶体管进行各种安装。

(6)对集成电路进行安装。

3.考核评分标准

项目内容	配分	考核内容及评分标准	
元器件成型	80	(1)工具及仪表使用不当,每次扣 5 分 (2)元器件整形的方法不正确,扣 20 分 (3)损坏元器件,每只扣 20~40 分 (4)元器件整形达不到要求,每只扣 10 分	
学习态度及职业道德	20		
安全文明生产		违反安全文明操作规程 扣 10~60 分	
定额时间		2 课时,训练不得超时,每超 5 分钟(不足 5 分按 5 分计)扣 5 分	
备注		除定额时间外,各项内容最高扣分不超过配分数。	成绩评定:

任务 2-5　印制电路板的制作

任务描述

根据任务 1-2 提供的电子产品原理图设计的印制电路板,用热转印制作的方法将该 PCB 制作成可装配使用的成品。

任务相关知识

印制电路板(Printed Circuit Board,简称 PCB 板)由绝缘底板、连接导线和装配焊接电子元器件的焊盘组成,具有导电线路和绝缘底板的双重作用。目前,印制电路板的工艺技术正朝着高密度、高精度、高可靠性、大面积、细线条的方向发展。

对于印制电路板来说,一般情况下,总是将元器件放在印制板的一面,放置元器件的这一面称为元件面;印制板的另一面是用于布置印制导线(对于双面板,元件面也要放置元器件)和进行焊接,放置导线的这一面称为印制面或称焊接面。

知识一　覆铜板与印制电路板介绍

一、覆铜板介绍

1. 覆铜箔板的种类

(1)酚醛纸基覆铜箔板。它是用浸渍过酚醛树脂的绝缘纸或纤维板作为基板,两面加无碱玻璃布,并在一面或两面覆以电解紫铜箔,经热压而成的板状层压制品。此类层压板价格低廉,但机械强度低,易吸水,耐高温性能差(一般不超过 100 ℃),主要用于低频和一般民用产品中。标准厚度有 1.0 mm、1.5 mm 和 2.0 mm 三种,一般应优先选用 1.5 mm 和 2.0 mm 厚的层压板。

(2)环氧酚醛玻璃布覆铜箔板。这是无碱玻璃布浸以环氧树脂经热压而成的层压制品,一面或两面覆以电解紫铜箔。这类层压板的电气和机械性能良好,加工方便,可以用于恶劣环境和超高频电路中。

(3)环氧玻璃布覆铜箔板。这类层压板由玻璃布浸以双氰胺固化剂的环氧树脂经热压而成。这类层压板的透明度良好,与环氧酚醛覆铜板相比,具有较好的机械加工性能,防潮性良好,工作温度高。

(4)聚四氟乙烯玻璃布覆铜箔板。这是以无碱玻璃布浸渍聚四氟乙烯分散乳液为基材,覆以经氧化处理的电解紫铜箔,经热压而成的层压板,是一种耐高温和高绝缘的新型材料。具有较宽的耐温范围(-230 ℃~260 ℃),在 200 ℃下可长期工作,并可在 300 ℃下间断工作。它主要用在高频和超高频电路中。

此外,还有聚苯乙烯覆铜箔板、软性聚酯覆铜箔板等。

2. 覆铜箔板的选用

覆铜箔板的性能指标主要有抗剥强度、耐浸焊性(耐热性)、翘曲度(又叫弯曲度),电气性能(工作频率范围、介质损耗、绝缘电阻和耐压强度)及耐化学溶剂性能。

覆铜箔板的选用主要是根据产品的技术要求、工作环境和工作频率,同时兼顾经济性来决定的。在保证产品质量的前提下,优先考虑经济效益,选用价格低廉的覆铜箔板,以降低产品成本。

二、印制电路板介绍

印制电路板(PCB)是指在绝缘基板上印制电路,具有印制电路的绝缘基板称为印制电路板,简称印制板。印制电路板用于安装和连接小型化元件、晶体管、集成电路等电路元器件。

1.印制电路板的分类

印制电路板的种类很多,一般情况下可按印制导线和机械特性划分。

(1)按印制电路布线层数的不同划分

①单面印制电路板。这类板是只在绝缘基板的一面覆铜,另一面没有覆铜的电路板。单面印制板只能在覆铜的一面布线,另一面放置元器件。它具有不需要打过孔、成本低等优点。但因其只能单面布线,使设计工作往往比双面板或多层板困难得多。它适用于对电性能要求不高的收音机、收录机、电视机、仪器和仪表等电路。

②双面印制电路板。在绝缘基板的顶层和底层两面都有覆铜,中间为绝缘层。双面板的两面都可以布线,一般需要由金属化过孔连通两面的布线。双面板可用于比较复杂的电路,但其设计工作并不一定比单面板困难,因此被广泛采用,是当今电子产品中最常见的一种印制电路板。这种电路板适用于电性能要求较高的通信设备、计算机和电子仪器。由于双面印制电路板的布线密度高,从某种意义上讲可减小设备的体积。

③多层印制电路板。多层印制电路板是由 3 层或 3 层以上导电图形和绝缘材料层压合而成的印制板,包含了多个工作层面。它在双面板的基础上增加了内部电源层、内部接地层及多个中间布线层。当电路更加复杂,双面板已无法实现理想的布线时,采用多层板就可以很好地解决这一困扰。因此,随着电子技术的发展,电路的集成度越来越高,其引脚越来越多,在有限的板面上无法容纳所有的导线时,多层板的应用也越来越广泛。

(2)按机械特性划分

①刚性板。这种板具有一定的机械强度,用它装成的部件具有一定的抗弯能力,在使用时处于平展状态。主要在一般电子设备中使用。酚醛树脂、环氧树脂、聚四氟乙烯等覆铜箔板都属刚性板。

②柔性板。柔性板也称扰性板,它是以软质绝缘材料(聚酰亚胺)为基材而制成的。其铜箔与普通印制电路板相同,使用黏合力强、耐折叠的黏合剂压制在基材上,表面用涂有黏合剂的薄膜覆盖,防止电路和外界接触引起短路和绝缘性下降,并能起到加固作用。使用时可以弯曲,一般用于特殊场合。

知识二 印制板的制作过程

目前,印制电路板的大批量生产采用的是丝网漏印和感光晒板法,而小批量生产或试制样机时可采用简单的手工制作法。

通常印制电路板的制作过程分为:底图胶片制版、图形转移、腐刻、钻孔、孔壁金属化、金属涂覆、涂助焊剂及阻焊剂、印制电路板的机械加工与质量检验等。

1. 底图胶片制版

在印制板的生产过程中,无论采用什么方法都需要使用符合质量要求的1:1的底图胶片。获得底图胶片通常有两种基本途径:CAD光绘法和照相制版法。工艺流程如如图2.17。

软件剪裁 → 曝光 → 显影 → 定影 → 水洗 → 干燥 → 修版

图 2.17　照相制版流程

2. 图形转移

把相版上的印制电路图形转移到覆铜板上,称为图形转移。具体方法有丝网漏印、光化学法。如图2.18。

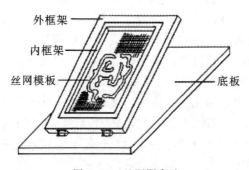

外框架
内框架
丝网模板
底板

图 2.18　丝网漏印法

3. 腐蚀技术(腐刻)与钻孔

腐刻是指利用化学或电化学方法,对涂有抗蚀剂并经感光显影后的印制电路板上未感光的部分,进行腐蚀去除铜箔,在印制板上留下精确的线路图形的过程。

腐刻方法有摇槽法、浸蚀法和喷蚀法三种。

钻孔是对印制板上的焊盘孔、安装孔、定位孔进行机械加工,可在蚀刻前或蚀刻后进行。除用台钻打孔以外,现在普遍采用数控钻床钻孔。

4. 孔壁金属化

双面印制板两面的导线或焊盘要连通时,可通过金属化孔实现,即把铜沉积在贯通两面导线或焊盘的孔壁上,使原来非金属的孔壁金属化。在双面和多层板电路中,这是一道必不可少的工序。

5. 金属涂覆

为提高印制电路的导电性、可焊性、耐磨性、装饰性,延长印制板的使用寿命,提高电气的可靠性,在印制板的铜箔上涂覆一层金属便可达到目的。金属镀层的材料有金、银、锡、铅锡合金等,方法有电镀和化学镀两种。

6. 涂助焊剂和阻焊剂

印制板经表面金属涂覆后,为方便自动焊接,可进行助焊和阻焊处理。

7. 印制电路板的机械加工与质量检验

（1）机械加工。包括：印制板剪切。

（2）质量检验。

在完成机械加工后，应对印制电路板进行质量检验。检验的主要项目有：目视检验、连通性试验、绝缘电阻的检测和可焊性检验。

8. 多层 PCB 加工流程

①切板。

②内层图形转移：贴膜—曝光—显影—蚀刻—去膜。

③层压：叠板—压合。

④机械钻孔。

⑤PTH(Plate Through Hole)。

⑥外层图形转移：贴膜—曝光—显影。

⑦图形电镀—镀铜＋镀锡。

⑧外层蚀刻：去膜—剥锡。

⑨感光阻焊。

⑩表面处理。

知识三　手工制作印制电路板

在电子产品的试验阶段，或电子爱好者进行业余制作的时候，经常只需要制作一两块印制电路板，这时，常采用手工方法自制印制电路板。

一、手工制作印制板方法介绍

手工自制印制电路板常用的方法有描图法、贴图法和刀刻法等。

1. 描图法

用描图法自制印制电路板的主要步骤如图 2.19。

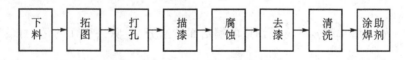

下料 → 拓图 → 打孔 → 描漆 → 腐蚀 → 去漆 → 清洗 → 涂助焊剂

图 2.19　描图法流程

2. 贴图法

贴图法与描图法的工艺流程基本相同，不同之处在于：描图法自制电路板的过程中，图形靠描漆或其它抗蚀涂料描绘而成，贴图法是用具有抗腐蚀能力的、薄膜厚度只有几微米的薄膜图形，按设计要求贴在覆铜板上完成贴图任务的。

3. 刀刻法

刀刻法是把设计好的印制板图用复写纸复写到印制板的铜箔面上，然后用小刀刻去不需要的铜箔即可。

刀刻法一般用于制作极少量、电路比较简单、线条较少的印制板。刀刻法制板不适合高频电路。

4. 转印法

转印法是把设计好的印制板图用自动转印机转印到印制板的铜箔面上,然后腐蚀的办法。流程如图 2.20。

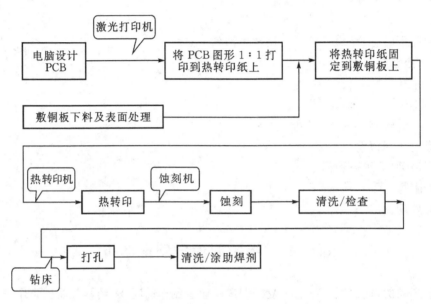

图 2.20   热转印法制作 PCB 工艺流程

二、用转印法制作印制电路板步骤

(1)选取板材。根据电路的电气功能和使用的环境条件选取合适的印制板材质;根据印制导线的宽窄和通过电流的大小及相邻元器件、导线之间电压差的高低选取厚度。

(2)裁板。按所设计的印制板实际尺寸剪裁覆铜板,并用平板锉或纱布将四周打磨平整、光滑,去除毛刺。

(3)清洁版面。用水磨砂纸将覆铜板的铜箔面打磨光亮,除去表面的污物,最后用干布擦干净。

(4)打印 PCB。将用计算机设计的 PCB 用激光打印机以 1∶1 的比例打印到热转印纸上。

(5)转印 PCB。用转印机将热转印纸上的图形转印到已裁剪好的覆铜板上。如有线条断裂、缺损等情况,可用油性记号笔修补。

(6)腐蚀加工。用三氯化铁固体和水按 1∶2 比例制成溶液,将要腐蚀的覆铜板放在蚀刻机中进行腐蚀。在腐蚀过程中可适当调节蚀刻机的温度,以加快化学反应,缩短腐蚀时间。

腐蚀好的印制电路板应立即从腐蚀液中取出,并用清水冲洗干净。

(7)钻孔。按图纸所标尺寸钻孔,孔一定要钻在焊盘的中心,且垂直板面。为使钻出的孔光洁、无毛刺,钻头要磨锋利些。元器件孔直径在 2 mm 以下的,最好采用高速台钻(4000 转/分以上),对于直径在 3 mm 以上的孔,转速可相应低些。

(8)除去保护层。用木工细纱纸打磨,把铜线上的碳粉除去。当然也可以只把焊盘上的除去,其他保留作为阻焊层来保护电路板。也可用油漆或指甲油作为阻焊层。这时铜箔电路就显露出来了。最后再用清水冲洗干净。

(9)涂助焊剂。为防止铜箔表面氧化和便于焊接元器件,在钻好孔的印制电路板铜箔面上,用毛笔蘸上松香水(用酒精加松香泡成的助焊剂)轻轻地涂上一层,晾干即可。

任务实施

1.任务实施条件

(1)单面覆铜板。

(2)环保腐蚀剂、酒精、蚀刻机等。

(3)装有 Protel 软件的计算机、打印机、热转印机、热转印纸等。

(4)裁板机。

(5)小型台式钻床及钻头。

2.任务实施过程

(1)根据印制电路板的实际设计尺寸剪裁覆铜板。

(2)打印印制电路板图,并将印制电路板图转印到覆铜板的铜箔面上。

(3)修补图形,配好腐蚀液进行腐蚀。

(4)清洗干净墨迹后,用小型台式钻床打出焊盘的通孔。

(5)为了防止铜箔表面氧化和便于焊接元器件,在打好孔的印制电路板铜箔面上用毛笔蘸上松香水(用酒精加松香泡成的助焊剂)轻轻地涂上一层,晾干即可。

3.考核评分标准

项目内容	配分	考核内容及评分标准	
手工制作印制板	80	(1)工具及材料使用不当,每次扣 5 分 (2)印制电路板制作的方法不正确,扣 20 分 (3)制作印制电路板不合格,扣 30 分	
学习态度及职业道德	20		
安全文明生产		违反安全文明操作规程 扣 10~60 分	
定额时间		4 课时,训练不得超时,每超 5 分钟(不足 5 分按 5 分计)扣 5 分	
备注		除定额时间外,各项内容最高扣分不超过配分数。	成绩评定:

习题二

2.1 简述锡铅焊接机制及工艺要素。

2.2 简述锡焊的质量要求。

2.3 什么是锡铅共晶合金焊料?它有哪些优点?

2.4 助焊剂在焊接中起什么作用?电子装配中对助焊剂有什么要求?

2.5 简述手工焊接的步骤及焊接形式的分类。

2.6 简述印制电路板手工焊接工艺及步骤。

2.7 简述焊接缺陷及原因。

2.8 普通绝缘导线端头的处理分为哪几个过程?

2.9 简述屏蔽线及同轴电缆的加工过程。

2.10 元器件引线成形的技术要求有哪些?

2.11 简述元器件引线的成形方法。

2.12 什么是印制电路板?它有何作用?

2.13 简述电路板的主要优点。

2.14 常用的印制板设计软件有哪几种?

2.15 如何制作印制原版底图?

2.16 印制电路板的制作分为哪几个过程?

2.17 手工制作印制电路板常用的方法有哪几种?简述热转印法制作印制电路板的基本步骤。

项目三　电子产品装配

项目要求

通过某电子产品的装配,使学生学会工艺流程和工艺文件的编制,能进行产品生产工序的设计及相关工艺卡片的编制,能熟练进行产品的焊接装配。

学习目标

知识目标

1.掌握工艺流程的基本知识及编制要求。

2.掌握工艺文件的格式、规范和要求。

3.掌握焊接工艺规范。

4.了解电子产品装配的其他方法和设备。

技能目标

1.学会电子产品工艺流程的编制方法。

2.能准确编制电子产品的工艺文件。

3.学会工序的设计方法及工艺卡片的编制。

4.能熟练、准确地进行电子产品的手工焊接装配。

素质目标

1.养成细心、踏实的工作作风。

2.培养吃苦耐劳的劳动态度。

3.培养良好的成本节约和环保意识。

4.培养团队合作的工作意识。

5.培养解决实际问题的能力。

6.培养较强的工作责任心和岗位意识。

任务 3 - 1　工艺流程的编制

任务描述

根据某电子产品装配的要求,按照工艺管理的相关标准编制和制订本电子产品生产的工艺流程。

任务相关知识

电子产品装配之前,应做好与整机装配密切相关的各项准备工作,包括识别和读懂各种与电子产品装配相关的图纸、对各种导线进行加工处理、对各种元器件和零部件进行成型处理,以及进行印制电路板的设计与制作等各种工作,编制电子产品装配的工艺流程,这是顺利完成整机装配的重要保障。

知识一　各种电路图纸的识读

学会识读图纸,是电子产品生产工艺和管理中不可缺少的重要环节。只有读懂各种相关的图纸,才有利于了解电子产品的结构和工作原理,有利于正确地生产、检测、调试电子产品,能够快速地进行维修。识图技能在电子产品的开发、研制、设计和制作中起着重要的指导作用。

一、识图的基本知识

(1)熟悉常用电子元器件的图形符号,掌握这些元器件的性能、特点和用途。因为电子元器件是组成电路的基本单元。

(2)熟悉并掌握一些基本单元电路的构成、特点、工作原理及各元器件的作用。因为任何一个复杂的电子产品电路,都是由一个个简单的基本单元电路组合而成的。

(3)了解不同图纸的不同功能,掌握识图的基本规律。不同的图纸其作用不同、功能不同,因而识读方法也不同。例如,读图的方法可以根据电路元器件的性能、特点和用途为中心,展开电路进行识读;可以结合典型电路展开进行识读;还可以根据电路的绘制顺序(从上到下、从左至右)进行识读等。

二、常用图纸的功能及读图方法

电子产品装配过程中常用的图纸有:零件图、方框图、装配图、电原理图、接线图及印制电路板组装图等。

1. 零件图

零件图是表示零部件形状、尺寸、所用材料、标称公差及其他技术要求的图样。

零件图的识读方法:先从标题栏了解零部件的名称、材料、比例、实际尺寸、标称公差和用途,再从已给的视图初步了解该零部件的大致形状,然后根据给出的几个视图,运用形体分析法及线面分析法读出零部件的形状结构。

2. 方框图

方框图主要是用一些方框和少量图形符号来表示的一种图样,它主要是体现电子产品各个组成部分以及它们在电性能方面所起作用的原理和信号的流程顺序,有时在框图或框图的连接线上,会标注该处的基本特性参数,如信号的波形形状、电路的阻抗、频率值、信号电平的数值大小等。

原理方框图的识读方法:从左至右、自上而下的识读,或根据信号的流程方向进行识读,在识读的同时了解各方框部分的名称、符号、作用以及各部分的关联关系,从而掌握电子产品的总体构成和功能。

3. 装配图

装配图是表示产品组成部分相互连接关系的图样。在装配图上,仅按直接装入的零、部、整件的装配结构进行绘制,要求完整、清楚地表示出产品的组成部分及其结构总形状。装配图一般包括下列内容:

(1)表明产品装配结构的各种视图。

(2)装配时需要检查的尺寸及其极限偏差。

(3)外形尺寸、安装尺寸、与其他产品连接的位置和尺寸。

(4)在装配过程中或装配后需要加工的说明。

(5)装配时需借助的配合或配制方法。

(6)其他必要的技术要求和说明。

装配图的识读方法:首先看标题栏,了解图的名称、图号;接着看明细栏,了解图样中各零部件的序号、名称、材料、性能及用途等内容,分别按序号找到每个零件在装配上的位置;然后仔细分析装配图上各个零部件的相互位置关系和装配连接关系等;最后在看清、看懂装配图的基础上,根据工艺文件的要求,对照装配图进行装配。

零件图和装配图配合使用,可用于产品的装配、检验、安装及维修中。

4. 电原理图(DL)

电原理图是详细说明电子元器件相互之间、电子元器件与单元电路之间、产品组件之间的连接关系,以及电路各部分电气工作原理的图形。它是电子产品设计和编制其他图样的基础,也是产品安装、测试、维修的依据。在装接、检查、试验、调整和使用产品时,电原理图通常与接线图、印制电路板组装图一起使用。

在电原理图中,组成产品的所有组件在图上均以图形符号表示,但为了清晰方便,有时对某些单元亦可用方框表示。各符号在图上的配置可根据产品基本工作原理,从左到右,自上而下地排成一个数列,并应以图面紧凑清晰、便于看图、顺序合理、电连接线最短和交叉最少为原则。对于在原理图上采用方框图形表示的单元,应单独给出其电原理图,在原理图中各组件的图形符号的右方或上方标出该组件的位置符号。

各组件的位置符号一般由组件的文字符号及脚标注序号组成。

电原理图的识读方法:先了解电子产品的作用、特点、用途和有关的技术指标,结合电原理方框图从上至下、从左至右,由信号输入端按信号流程,一个单元一个单元电路的熟悉,一直到信号的输出端,由此了解电路的来龙去脉,掌握各组件与电路的连接情况,从而分析出该电子产品的工作原理。

5. 接线图(JL)

接线图(JL)是表示产品装接面上各元器件的相对位置关系和接线的实际位置的略图。

接线图中只表示元器件的安装位置,实际配线方式,而不明确表示电路的原理和元器件之间的连接关系。

接线图是电原理图具体实现的表示形式,可和电原理图或逻辑图一起用于指导电子产品的接线、检查、装配和维修工作。接线图还应包括进行装接时必要的资料,例如接线表、明细表等。

对于复杂的产品,若一个接线面不能清楚地表达全部接线关系时,可以将几个接线面分别绘出。绘制时,应以主接线面为基础,将其他接线面按一定方向展开,在展开面旁要标注出展开方向。

在某一个接线面上,如有个别组件的接线关系不能表达清楚时,可采用辅助视图(剖视图、局部视图、方向视图等)来说明,并在视图旁注明是何种辅助视图。复杂的设备或单元,用的导线较多,走线复杂,为了便于接线和整齐美观,可将导线按规定和要求绘制成线扎装配图。

接线图的识读方法:先看标题栏、明细表,然后参照电原理图,看懂接线图,最后按工艺文件的要求将导线接到规定的位置上。

6.印制电路板组装图

印制电路板组装图是用来表示各种元器件在实际电路板上的具体方位、大小以及各元器件与印制板的连接关系的图样。由于电子产品的工艺和技术要求,印制电路板上的元器件排列与电原理图完全不同,因而识读的方法与电原理图的识读方法也不同。

印制电路板组装图的识读方法:印制电路板组装图的识读应配合电原理图一起完成。

(1)首先读懂与之对应的电原理图,找出电原理图中基本构成电路的关键元件(如三极管、集成电路、开关、变压器、喇叭等)。

(2)在印制电路板上找出接地端。通常大面积铜箔或靠印制板四周边缘的长线铜箔为接地端。

(3)根据印制板的读图方向(印制板上的文字方向),结合电路的关键元件在电路中的位置关系及与接地端的关系,逐步完成印制电路板组装图的识读。

知识二 电子产品的装配工艺流程

一、电子产品装配的分级

电子产品装配是生产过程中一个极其重要的环节,装配过程中,通常会根据所需装配产品的特点、复杂程度的不同将电子产品的装配分为不同的组装级别。

(1)元件级组装(第一级组装):是指电路元器件、集成电路的组装,是组装中的最低级别。其特点是结构不可分割。

(2)插件级组装(第二级组装):是指组装和互连装有元器件的印制电路板或插件板等。

(3)系统级组装(第三级组装):是将插件级组装件,通过连接器、电线电缆等组装成具有一定功能的完整的电子产品设备。

二、装配工艺流程

电子产品装配的工艺流程因设备的种类、规模不同,其构成也有所不同,但基本工序并没有什么变化,其过程大致可分为装配准备、装联、调试、检验、包装、入库或出厂等几个阶段,据此就可以制定出制造电子设备最有效的工序来。一般整机装配工艺的具体操作流程图如图3.1所示。

由于产品的复杂程度、设备场地条件、生产数量、技术力量及操作工人技术水平等情况的不同,因此生产的组织形式和工序也要根据实际情况有所变化。例如,样机生产可按工艺流程主要工序进行;若大批量生产,则其装配工艺流程中的印制板装配、机座装配及线束加工等几个工序,可并列进行;后几道工序则可按如图3.1所示的后续工序进行。在实际操作中,要根据生产人数、装配人员的技术水平来编制最有利于现场指导的工序。

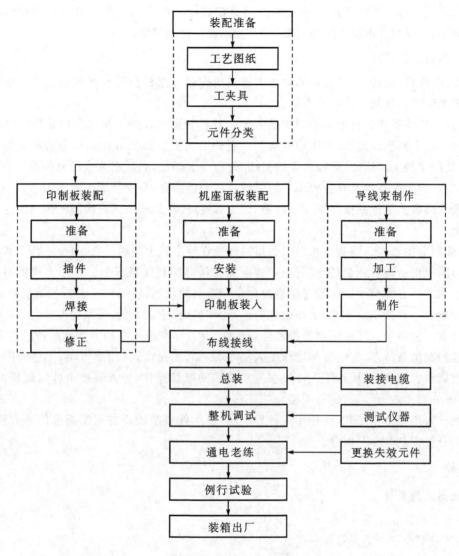

图 3.1　装配工艺流程图

三、产品加工生产流水线

1. 生产流水线与流水节拍

产品加工生产流水线就是把一部整机的装联、调试工作划分成若干简单操作,每一个装配工人完成指定操作。在流水操作的工序划分时,要注意到每人操作所用的时间应相等,这个时间称为流水的节拍。

装配的机器在流水线上移动的方式有好多种。有的是把装配的底座放在小车上,由装配工人沿轨道推进,这种方式的时间限制不很严格。有的是利用传送带来运送机器,装配工人把机器从传送带上取下,按规定完成装联后再放到传送带上,进行下一个操作;由于传送带是连续运转的,所以这种方式的时间限制很严格。

传送带的运动有两种方式:一种是间歇运动(即定时运动),另一种是连续均匀运动。每个装配工人的操作必须严格按照所规定的时间节拍进行。而完成一部整机所需的操作和工位（工序）的划分，要根据机器的复杂程度、日产量或班产量来确定。

2. 流水线的工作方式

目前，电视机、录音机、收音机的生产大都采用印制线路板插件流水线的方式。插件形式有自由节拍形式和强制节拍形式两种。

(1)自由节拍形式。自由节拍形式是由操作者控制流水线的节拍来完成操作工艺的。这种方式的时间安排比较灵活，但生产效率低。它分手工操作和半自动化操作两种类型。手工操作时，装配工按规定插件，剪掉多余的引线，进行手工焊接，然后在流水线上传递。半自动化操作时，生产线上配备着具有剪掉多余的引线功能的插件台，每个装配工人独用一台。

整块线路板上组件的插装工作完成后，通过宽度可调、长短可随意增减的传送线送到波峰焊接机上。

(2)强制节拍形式。强制节拍形式是指插件板在流水线上连续运行，每个操作工人必须在规定的时间内把所要求插装的元器件、零件准确无误地插到线路板上。这种方式带有一定的强制性。在选择分配每个工位的工作量时应留有适当的余地，既保证一定的劳动生产率，又保证产品质量。这种流水线方式，工作内容简单，动作单纯，记忆方便，可减少差错，提高工效。

目前有一种回转式环形强制节拍插件焊接线，是将印制板放在环形连续运转的传送线上，由变速器控制链条拖动，工装板与操作工人呈 15°～27° 的角度，其角度可调，工位间距也可按需要自由调节。生产时，操作工人环坐在流水线周围进行操作，每人装插组件的数量可调整，一般取 4～6 只左右，而后再进行焊接。

国外已有不用装插工艺，而使用一种导电胶，将组件直接胶合在印制板上的新方法，其效率高达每分钟安装 200 只组件。

任务实施

1. 任务实施条件

(1)电子产品原理图一份。

(2)已成型电子产品元器件一套。

2. 任务实施过程

(1)分析电子产品原理图，制订合理的工艺流程。

(2)编制印制板装配工艺流程。

(3)编制总装工艺流程。

(4)撰写实训报告。

3. 考核评分标准

项目内容	配分	考核内容及评分标准
工艺流程编制	80	(1)工具及仪表使用不当，每次扣5分 (2)印制电路板装配流程编制不合理，扣10分 (3)总装工艺流程编制不合理，扣10分 (4)文件格式不正确，扣10分

项目内容	配分	考核内容及评分标准	
学习态度及职业道德	20		
安全文明生产		违反安全文明操作规程 扣 10～60 分	
定额时间		2 课时,训练不得超时,每超 5 分钟(不足 5 分按 5 分计)扣 5 分	
备注		除定额时间外,各项内容最高扣分不超过配分数。	成绩评定:

任务 3 - 2　工艺文件的编制

任务描述

按照工艺管理的要求,将电子产品生产过程的工艺文件按一定的规范和格式进行编制,并汇编成册。

任务相关知识

工艺文件是指导工人操作和用于生产、工艺管理等的各种技术文件的总称。它是产品加工、装配、检验的技术依据,也是企业组织生产、产品经济核算、质量控制和工人加工产品的主要依据。工艺文件与设计文件同是指导生产的文件,两者是从不同的角度提出要求的。设计文件是原始文件,是生产的依据,而工艺文件是根据设计文件提出的加工方法,以实现设计图纸上的要求,并以工艺规程和整机工艺文件图纸指导生产,以确保任务的顺利完成。

知识一　工艺文件的管理要求

电子工艺文件的编制是根据生产产品的具体情况,按照一定的规范和格式完成的;为保证产品生产的顺利进行,应该保证工艺文件的完整齐全(成套性),并按一定的规范和格式要求汇编成册。

中华人民共和国电子行业标准(SJ/T 10324—92)对工艺文件的成套性提出了明确的要求,分别规定了电子产品在设计定型、生产定型、样机试制或一次性生产时,工艺文件的成套性标准。

工艺文件的成册要求是指,对某项产品成套性工艺文件的装订成册要求。它可按设计文件所划分的整件为单元进行成册,也可按工艺文件中所划分的工艺类型为单元进行成册,同时也可以根据其实际情况按上述两种方法进行混合交叉成册。成册的册数根据产品的复杂程度可成为一册或若干册,但成册应有利于查阅、检查、更改、归档。通常,整机类电子产品在生产过程中,工艺文件应包含的主要项目包括以下内容。

1. 工艺文件封面

工艺文件封面装在成册的工艺文件的最表面。封面内容应包含产品类型、产品名称、产品图号、本册内容以及工艺文件的总册数、本册工艺文件的总页数、在全套工艺文件中的序号、批准日期等。

2. 工艺文件明细表

工艺文件明细表是工艺文件的目录。成册时，应装在工艺文件的封面之后。明细表中包含：零部整件图号、零部整件名称、文件代号、文件名称、页码等内容。

3. 材料配套明细表

材料配套明细表给出了产品生产中所需要的材料名称、型号规格及数量等。

4. 装配工艺过程卡

装配工艺过程卡又称工艺作业指导卡，它反映了电子整机装配过程中，装配准备、装联、调试、检验、包装入库等各道工序的工艺流程。它是完成产品的部件、整机的机械性装配和电气连接装配的指导性工艺文件。

5. 工艺说明及简图

工艺说明及简图用来编制在其他格式上难以表达清楚、重要的和复杂的工艺。它用简图、流程图、表格及文字形式进行说明。

6. 导线及线扎加工表

导线及线扎加工表为整机产品、分机、部件等进行系统的内部电路连接，提供各类相应的导线及扎线、排线等的材料和加工要求。

7. 检验卡

检验卡提供电子产品生产过程中所需的检验工序，它包括：检验内容、检验方法、检验的技术要求及检验使用的仪器设备等内容。

知识二　常用工艺文件的编制方法

一、编制工艺文件的原则

编制工艺文件应在保证产品质量和有利于稳定生产的条件下，以最经济、最合理的工艺手段进行加工为原则。为此，要做到以下几点。

① 编制工艺文件，要根据产品批量的大小、技术指标的高低和复杂程度区别对待。对于一次性生产的产品，可根据具体情况编写临时工艺文件或参照借用同类产品的工艺文件。

② 编制工艺文件要考虑到车间的组织形式、工艺装备以及工人的技术水平等情况，必须保证编制的工艺文件切实可行。

③ 对于未定型的产品，可编写临时工艺文件或编写部分必要的工艺文件。

④ 工艺文件以图为主，力求做到容易认读、便于操作，必要时加注简要说明。

⑤ 凡属装调工应知应会的基本工艺规程内容，可不再编入工艺文件。

二、编制工艺文件的要求

① 工艺文件要有统一的格式、统一的幅面，图幅大小应符合有关标准，并应装订成册，配齐成套。

② 工艺文件的字体要正规、书写要清楚、图形要正确。工艺图上尽量少用文字说明。

③ 工艺文件所用的产品名称、编号、图号、符号、材料和元器件代号等,应与设计文件一致。

④ 编写工艺文件要执行审核、会签、批准手续。

⑤ 线扎图尽量采用 1∶1 的图样,并准确绘制,以便于直接按图纸作排线板排线。

⑥ 工序安装图可不必完全按实样绘制,但基本轮廓应相似,安装层次应表示清楚。

⑦ 装配接线图中的接线部位要清楚,连接线的接点要明确。内部接线可假想移出展开。

三、工艺图样管理及工艺纪律

① 经生产定型或大批量生产产品的工艺文件底图必须归档,由企业技术档案部门统一管理。

② 对归档的工艺文件的更改应填写更改通知单,执行更改审核、会签和批准手续后交技术档案部门,由专人负责更改。技术档案部门应将更改通知单和已更改的工艺文件蓝图及时通知有关部门,并更换下发的蓝图。更改通知单应包括涉及更改的内容。

③ 临时性的更改也应办理临时更改通知单,并注明更改所适用的批次或期限。

④ 有关工序或工位的工艺文件应发到生产工人手中,操作人员在熟悉操作要点和要求后才能进行操作。

⑤ 应经常保持工艺文件的清洁,不要在图纸上乱写乱画,以防出错。

⑥ 遵守各项规章制度,注意安全文明生产,确保工艺文件的正确实施。

⑦ 发现图纸和工艺文件中存在问题时,要及时反映,不要自作主张随意改动。

⑧ 努力钻研业务,提高操作技术,积极提出合理化建议,不断改进工艺,提高产品质量。

四、工艺文件的格式及填写方法

① 工艺文件封面

工艺文件封面在工艺文件装订成册时使用。简单设备可按整机装订成册,复杂设备可按分机单元组装成若干册。按“共 X 册”填写工艺文件的总册数;按“第 X 册”填写该册在全套工艺文件中的序号;按“共 X 页”填写该册的总页数;按“型号”、“名称”、“图号”分别填写产品型号、名称、图号;按“本册内容”填写该册工艺内容的名称;最后执行批准手续,并填写批准日期。

② 工艺文件目录

工艺文件目录是供装订成册的工艺文件编写目录用的,反映产品工艺文件的齐套性。填写中,“产品名称或型号”、“产品图号”与封面的型号、名称、图号保持一致;“拟制”、“审核”栏内由有关职能人员签署姓名和日期;“更改标记”栏内填写更改事项;“底图总号”栏内,填写被本底图所代替的旧底图总号;“文件代号”栏填写文件的简号,不必填写文件的名称;其余各栏按标题填写,填写零部件、整件的图号、名称及其页数。

表 3.1　工艺文件封面

工艺文件

产品型号

产品名称

产品图号

本册内容

第　　册
共　　页
共　　册
批准
年　月　日

表 3.2　工艺文件目录（明细表）

		工艺文件目录		产品名称或型号		产品图号
	序号	产品代号	零、部、整件图号	零、部、整件图号	页数	备注

底图总号	更改标记	数量	文件名	签名	日期	签名	日期	第　页
						拟制		
						审核		共　页

③导线及扎线加工表

导线及扎线加工表供导线及扎线加工准备及排线时使用。填写中，"编号"栏填写导线的编号或扎线图中导线的编号；"名称规格"、"颜色"、"数量"栏填写材料的名称规格、颜色、数量；

"长度"栏中的"L 全长"、"A 端"、"B 端"、"A 剥头"、"B 剥头",分别填写导线的开线尺寸,扎线 A、B 端的甩端长度及剥头长度;"去向、焊接处"栏填写导线焊接去向。

表 3.3 导线及线把加工表

导线及线把加工表		产品名称或型号							产品图号				
序号	线号	材料		导线修剥尺寸/mm				导线焊接处		设备	工时定额	备注	
		名称规格	颜色	L 全长	A 剥头	B 剥头	数量	A 端焊接处	B 端焊接处				
1													
2													
3													
4													
5													
6													
7													
8													

简图:

旧底图总号

底图总号	更改标记	数量	文件名	签名	日期	签名		日期	第 页
						拟制			
						审核			共 页
日期	签名								
									第 册

④配套明细表

配套明细表是编制配套用的零部件、整件及材料与辅助材料清单,供各有关部门在配套及领、发料时用。填写中,"图号"、"名称"、"数量"栏填写相应的整件设计文件明细表的内容;"来自何处"栏填写材料来源处;辅助材料填写在顺序的末尾。

表 3.4 元器件工艺表(配套明细表)

元器件工艺表			产品名称或型号					产品图号			
序号	位号	名称、型号、规格	*L*/mm					数量	设备	工时定额	备注
			A 端	*B* 端		正端	负端				
1											
2											
3											
4											
5											
6											
7											
8											

简图:

旧底图总号

底图总号	更改标记	数量	文件名	签名	日期	签名	日期	第　页
						拟制		
						审核		共　页
日期	签名							
								第　册

⑤ 装配工艺过程卡

装配工艺过程卡是整机装配中的重要文件,它反映装配工艺的全过程,供机械装配和电气装配用。填写中,"装入件及辅助材料"中的"名称、牌号、技术要求"、"数量"栏应按工序填写相应设计文件的内容,辅助材料填在各道工序之后;"工序(工步)内容及要求"栏填写装配工艺加工的内容和要求;空白栏处供画加工装配工序图用。

表 3.5 装配过程工艺卡

位号	装入件及辅助材料		车间	工序号	工种	工序(步骤)内容及要求	设备及工艺装备	工时定额	备注
	代号、名称、规格	数量							
1									
2									
3									
4									
5									
6									
7									
8									

装配件名称 装配件图号

简图:

旧底图总号

底图总号	更改标记	数量	文件名	签名	日期	签名	日期	第 页
						拟制		
						审核		共 页
日期	签名							
								第 册

113

⑥工艺说明及简图

工艺说明及简图用来编制在其他格式上难以表达清楚、重要的和复杂的工艺。它用简图、流程图、表格及文字形式进行说明。

⑦ 工艺文件更改通知单

工艺文件更改通知单供进行工艺文件内容的永久性修改时使用。填写中,应填写更改原因、生效日期及处理意见;"更改标记"栏应按图样管理制度中规定的字母填写。

表3.6　工艺说明及简图

		工艺说明及简图	名称	编号或图号
			工艺名称	工序名称
旧底图总号				

底图总号	更改标记	数量	文件名	签名	日期	签名		日期	第　页
						拟制			
						审核			共　页
日期	签名								
									第　册

表 3.7 工艺文件更改通知单

更改单号	工艺文件更改通知单		产品名称或型号	零部件、整件名称		图号		第　页
								共　页
生效日期	更改原因			处理意见				
更改标记	更改前			更改标记	更改后			
拟制		日期	审核	日期		日期	标准	日期

任务实施

1. 任务实施条件

(1)电子产品原理图。

(2)每人配备具有表格制作功能的电脑一台。

2. 任务实施过程

(1)分析电子产品原理图,选择合适的电子元器件。

(2)用表格编辑工具编制工艺文件。

(3)将工艺文件汇编成册。

3. 考核评分标准

项目内容	配分	考核内容及评分标准	
工艺文件编制	80	(1)工具及仪表使用不当 每次扣 5 分 (2)工艺文件格式不正确 扣 10 分 (3)工艺文件填写方法不正确 每次扣 5 分	
学习态度及职业道德	20		
安全文明生产		违反安全文明操作规程 扣 10～60 分	
定额时间		2 课时,训练不得超时,每超 5 分钟(不足 5 分按 5 分计)扣 5 分	
备注		除定额时间外,各项内容最高扣分不超过配分数。	成绩评定:

任务 3 - 3　电子产品焊接装配

任务描述

根据任务 3 - 1 和 3 - 2 编制的工艺流程和工艺文件,规范地焊接组装印制电路板,并完成对电子产品的总装。

任务相关知识

知识一　印制电路板的组装

印制电路板的组装是指:根据设计文件和工艺规程的要求,将电子元器件按一定的规律秩序插装到印制电路板上,并用紧固件或锡焊等方式将其固定的装配过程。

一、印制电路板组装的基本要求

电子元器件种类繁多,外形不同,引出线也多种多样,所以,印制板的组装方法也就有差异。组装时,必须根据产品结构的特点、装配密度以及产品的使用方法、要求来决定组装的方法。元器件装配到印制电路板之前,一般都要进行加工处理,即对元器件进行引线成形,然后进行插装。良好的成形及插装工艺,不但能使机器性能稳定、防震、减少损坏的好处,而且还能得到机内整齐美观的效果。

1. 元器件引线的成形要求

(1)预加工处理。元器件引线在成形前必须进行预加工处理。这是由于元器件引线的可焊性虽然在制造时就有这方面的技术要求,但因生产工艺的限制,加上包装、储存和运输等中间环节时间较长,在引线表面产生氧化膜,使引线的可焊性严重下降。引线的再处理主要包括引线的校直、表面清洁及搪锡三个步骤。

预加工处理的要求:引线处理后,不允许有伤痕,镀锡层均匀,表面光滑,无毛刺和焊剂残留物。

(2)引线成形的基本要求和成形方法。引线成形工艺就是根据焊点之间的距离,做成需要的形状,目的是使它能迅速而准确地插入孔内,基本要求和成形方法可参考本书"元器件引线的成形"的内容。

2. 元器件安装的技术要求

(1)元件器的标志方向应按照图纸规定的要求,安装后能看清元件上的标志。若装配图上没有指明方向,则应使标记向外,以便于辨认,并按从左到右、从下到上的顺序读出。

(2)安装元器件的极性不得装错,安装前应套上相应的套管。

(3)安装高度应符合规定要求,同一规格的元器件应尽量安装在同一高度上。

(4)安装顺序一般为先低后高,先轻后重,先易后难,先一般元器件后特殊元器件。

(5)元器件在印刷板上的分布应尽量均匀,疏密一致,排列整齐美观。不允许斜排、立体交叉和重叠排列。元器件外壳和引线不得相碰,要保证 1mm 左右的安全间隙,无法避免时应套绝缘套管。

(6)元器件的引线直径与印刷板焊盘孔径应有 0.2～0.4mm 的合理间隙。

(7)一些特殊元器件的安装处理。

①MOS 集成电路的安装应在等电位工作台上进行,以免静电损坏器件。

②发热元件(如 2W 以上的电阻)要采用悬空安装,不允许贴板安装。

③对于防震要求高的元器件适应卧式贴板安装。

④较大元器件的安装(重量超过 28g)应采取绑扎、粘固等措施。

⑤当元器件为金属外壳,安装面又有印制导线时,应加垫绝缘衬垫或套上绝缘套管。

⑥有高度限制时,元器件的安装应采用弯曲的方法安装。

⑦对于较大元器件(如小型变压器、大功率三极管等),又需安装在印制板上时,则必须使用金属支架在印制基板上将其固定。

二、印制电路板组装的工艺流程

1. 手工装配方式

(1)手工独立插装。在样品机试制或小批量生产时,常采用手工独立插装来完成印制电路板的装配过程。这是一种一人完成一块印制电路板上全部元器件的插装及焊接等工作程序的装配方式。其操作的顺序是:

待装元件→引线整形→插件→调整、固定位置→焊接→剪切引线→检验

采用独立插装的操作方式时,每个操作者必须将所有元器件从头装配到尾,其效率低,而且容易出差错。

(2)流水线手工插装。对于设计稳定、大批量生产的产品,其印制板装配工作量大,宜采用插件流水线装配,这种方式可大大提高生产效率,减小差错,提高产品合格率。

插件流水手工操作是把印制电路板的整体装配分解成若干道简单的工序,每个操作者在规定的时间内,完成指定的工作量(一般限定每人完成约 6 个固定元件的插装工作量)。

装配的印制板在流水线上的移动,一般都是用传送带的运动方式进行的。运动方式通常有两种:一种是间歇运动(即定时运动),另一种是连续匀速运动,每个操作者必须严格按照规定的节拍进行。在分配每道工序的工作量时,要根据电子产品的复杂程度、日产量或班产量、操作者人数及操作者的技能水平等因素确定;确保流水线均匀地流动,充分发挥流水线的插件效率。一般流水线装配的工艺流程如下:

每节拍元件插入→全部元器件插入→一次性剪切引线→一次性锡焊→检查

手工装配方式的特点是:设备简单,操作方便,使用灵活;但装配效率低,差错率高,不适用现代化大批量生产的需要。

2. 自动装配工艺流程

对于设计稳定,产量大和装配工作量大而元器件又无须选配的产品,宜采用自动装配方式。自动装配一般使用自动或半自动插件机、自动定位机等设备。先进的自动装配机每小时可装一万多个元器件,其效率高,节省劳力,产品合格率也大大提高。

自动装配和手工装配的过程基本上是一样的,通常都是从印制基板上逐一添装元器件,构成一个完整的印制线路板;所不同的是,自动装配要求限定元器件的供料形式,整个插装过程由自动装配机完成。

（1）自动插装工艺流程。经过处理的元器件装在专用的传输带上，间断地向前移动，保证每一次有一个元器件进到自动装配机的装插头的夹具里，插装机自动完成切断引线、引线成形、移至基板、插入、弯角等动作，并发出插装完毕的信号，使所有装配回到原来位置，并准备装配第二个元件。印制板靠传送带自动送到另一个装配工位，装配其他元器件，当元器件全部插装完毕，即可进行焊接过程。焊接形式可采用波峰焊、浸焊等方式。

印制电路板的自动传送、插装、焊接、检测等工序，都是用电子计算机进行程序控制并完成的。它首先根据印制板的尺寸、孔距、元器件尺寸和它在板上的相对位置等，确定可插装元器件和选定装配的最好途径、编写程序，然后再把这些程序送入编程机的存贮器中，由计算机自动控制完成上述工艺流程。

（2）自动装配对元器件的工艺要求。自动插装是在自动装配机上完成的，并不是所有的元器件都可以进行自动装配，对元器件装配的一系列工艺措施都必须适合于自动装配的一些特殊要求。

①在进行自动插装时，最重要的是采用标准化元器件和尺寸。即要求自动装配的元器件，其形状和尺寸尽量简单、一致，方向易于识别，有互换性等。元器件的引线孔距和相邻元器件引线孔之间的距离，也都应标准化，并尽量相同。

②元器件的取向问题。在手工装配时，元器件在印制板什么方向取向，是没有什么限制，也没有什么根本差别的；但是在自动装配中，为了使机器达到最大的有效插装速度，就要有一个最好的元器件排列，即要求元器件的排列沿着 x 轴或 y 轴取向，最佳设计要指定所有元器件只有一个轴上取向（至多排列在两个方向上）。

③对于非标准化的元器件，或不适合自动装配的元器件，仍需要手工进行补插。如金属圆壳形集成电路，手工装配时具有容易固定、可把引线准确地成形等优点，但自动装配很困难。

知识二　电子产品的总装

电子产品的总装包括机械和电气两大部分工作。具体地说，总装的内容，包括将各零部件、插装件以及单元功能整件（如各机电元件、印制电路板、底座以及面板等），按照设计要求，安装在相应的位置上，组合成一个整体，再用导线将元、部件之间进行电气连接，完成一个具有一定功能的完整的机器，以便进行整机调整和测试。

总装的连接方式可归纳为两类：一类是可拆卸的连接，即拆散时不会损伤任何零件，它包括螺钉连接、柱销连接、夹紧连接等。另一类是不可拆连接，即拆散时会损坏零件或材料，它包括锡焊连接、胶粘、铆钉连接等。

总装的装配方式，以整机结构来分，有整机装配和组合件装配两种。对整机装配来说，整机是一个独立的整体，它把零、部、整件通过各种连接方法安装在一起，组成一个不可分的整体，具有独立工作的功能，如：收音机、电视机、信号发生器等。而组合件装配，整机则是若干个组合件的组合体，每个组合件都具有一定的功能，而且随时可以拆卸，如大型控制台、插件式仪器等。

一、总装的顺序和基本要求

电子产品的总装是指将组成整机的产品零部件，经单元调试、检验合格后，按照设计要求进行装配、连接,再经整机调试、检验,形成一个合格的、功能完整的电子产品整机的过程。

1. 总装的顺序

电子产品的总装有多道工序,这些工序的完成顺序是否合理,直接影响到产品的装配质量、生产效率和操作者的劳动强度。

电子产品总装的顺序是:先轻后重、先小后大、先铆后装、先装后焊、先里后外、先平后高,上道工序不得影响下道工序。

2. 总装的基本要求

电子产品的总装是电子产品生产过程中的一个重要的工艺过程环节,是把半成品装配成合格产品的过程。对总装的基本要求如下:

(1)总装前组成整机的有关零部件或组件必须经过调试、检验,不合格的零、部件或组件不允许投入总装线,检验合格的装配件必须保持清洁。

(2)总装过程要根据整机的结构情况,应用合理的安装工艺,用经济、高效、先进的装配技术,使产品达到预期的效果,满足产品在功能、技术指标和经济指标等方面的要求。

(3)严格遵守总装的顺序要求,注意前后工序的衔接。

(4)总装过程中,不损伤元器件和零、部件,避免碰伤机壳、元器件和零部件的表面涂覆层,不破坏整机的绝缘性;保证安装件的方向、位置、极性的正确,保证产品的电性能稳定,并有足够的机械强度和稳定度。

(5)小型机大批量生产的产品,其总装在流水线上安排的工位进行。每个工位除按工艺要求操作外,要求工位的操作人员熟悉安装要求和熟练掌握安装技术,保证产品的安装质量。

严格执行自检、互检与专职调试检验的"三检"原则。总装中每个阶段的工作完成后都应进行检验,分段把好质量关,从而提高产品的一次直通率。

二、总装的工艺过程

整机总装是在装配车间(亦称总装车间)完成的。总装应包括电气装配和结构机械安装两大部分,电子产品是以电气装配为主导、以其印制电路板组件为中心进行焊接和装配的。

总装的形式可根据产品的性能、用途和总装数量决定。各厂所采用的作业形式不尽相同。产品数量较大的总装过程常采用流水作业,以取得高效低耗、一致性好的结果。

电子产品的总装工艺过程包括:零、部件的配套准备→零部件的装联→整机调试→总装检验→包装→入库或出厂。

1. 零、部件的配套准备

电子产品在总装之前,应对装配过程中所需的各种装配件(如具有一定功能的印制电路板等)和紧固件等从数量的配套和质量的合格两个方面进行检查和准备,并准备好整机装配与调试中的各种工艺、技术文件,以及装配所需的仪器设备。

2. 零部件的装联

零部件的装联是将质量合格的各种零部件,通过螺蚊连接、粘接、锡焊连接、插接等手段,安装在规定的位置上。

3. 整机调试

整机调试包括调整和测试两部分工作,即对整机内可调部分(例如,可调元器件及机械传动部分)进行调整,并对整机的电性能进行测试。各类电子整机在装配完成后,进行电路性能指标的初步调试,调试合格后再把面板、机壳等部件进行合拢总装。

4. 总装检验

整机检验应按照产品的技术文件要求进行。检验的内容包括:检验整机的各种电气性能、机械性能和外观等。

任务实施

1. 任务实施条件

(1)每人配备某电子产品印制电路板一块、配套元器件一套。

(2)每人配备电烙铁、烙铁支架、小刀、橡皮擦、尖嘴钳、扁口钳、镊子各一把。

(3)每人配备松香、焊锡少许。

2. 任务实施过程

(1)用橡皮擦清理印制电路板焊盘。

(2)清理元器件引线表面。

(3)元器件的焊接。

(4)对装配好元器件的印制电路板进行检查,根据焊接检验标准对焊点进行检查。

(5)用电烙铁将缺陷焊点焊锡熔化,同时用吸锡电烙读将焊锡吸走。

(6)用吸锡电烙铁或金属网线对元器件进行拆焊。

(7)重新对拆焊部位进行焊接。

(8)编制装配过程工艺卡,卡片格式如表3.8。

3. 考核评分标准

项目内容	配分	考核内容及评分标准	
电子产品焊接装配	80	(1)工具及仪表使用不当,每次扣5分 (2)印制电路板装配的方法不正确,扣10分 (3)损坏元器件,每只扣20~30分 (4)印制电路板装配不美观,扣10分 (5)印制电路板检查的方法不正确,扣10分 (6)印制电路板拆焊的方法不正确,扣10分 (7)损坏元器件或印制电路板,每只扣10分	
学习态度及职业道德	20		
安全文明生产		违反安全文明操作规程 扣10~60分	
定额时间		3课时,训练不得超时,每超5分钟(不足5分按5分计)扣5分	
备注		除定额时间外,各项内容最高扣分不超过配分数。	成绩评定:

表3.8　装配工艺卡片

××××公司	装配工艺卡片		产品型号		工艺文件编号			共　页
			产品名称		工艺文件名称	装配工艺		第　页
工序名称			所需物料					
附图：			序号	代号	物料描述	数量	辅助材料及工具	
							名称及规格	数量
			1					
			2					
			序号		工序（步）内容及要求			
			1					
			2					
			3					
			4					
			5					
			注意事项：					
			编制（日期）	审核（日期）	会签（日期）	审定（日期）		
标记	处数	更改文件号	签名	日期				

习题三

3.1 什么是工艺文件？有何作用？工艺文件和设计文件有何不同？

3.2 装配工艺大致可分为哪几个阶段？

3.3 生产流水线有什么特征？什么是流水节拍？设置流水节拍有何意义？

3.4 印制电路板上元器件在安装之前要进行什么样的预加工？元器件在印制电路板的分布有何要求？

3.5 简述手工装配印制电路板的流程。

3.6 什么是电子产品的总装？

3.7 总装的基本要求有什么？

项目四　电子产品调试

项目要求

通过电子产品的调试,使学生能编制产品调试工艺文件,熟练利用常用和专用仪器设备对产品进行调试,并对有故障和问题的产品进行检修。

学习目标

知识目标

1.掌握电子产品调试工艺要求。

2.掌握电子产品调试工艺步骤。

3.掌握电子产品调试工艺内容。

技能目标

1.能准确编制调试工艺文件。

2.准确选择和使用调试设备和仪器。

3.基本学会专用调试设备的设计和制作。

4.能对电子产品进行准确的调试。

5.能对电子产品进行简单的维修。

素质目标

1.养成细心、踏实的工作作风。

2.培养解决实际问题的能力。

3.培养较强的工作责任心和岗位意识。

任务4-1　电子产品调试工艺编制

任务描述

在将项目三中已装配完成的电子产品部件和整机进行调试之前,按照工艺要求编制调试工艺文件。

任务相关知识

电子产品是由众多的元器件组成的,由于各元器件性能参数具有很大的离散性,电路设计的近似性,再加上生产过程中其他随机因素的影响,使得装配完的产品在性能方面有较大的差异,通常达不到设计规定的功能和性能指标,这就是整机装配完成后必须进行调试的原因。

知识一　调试工艺介绍

一、调试的目的、内容与步骤

1. 调试的含义

调试技术包括调整和测试(检验)两部分内容。

调整:主要是对电路参数的调整。一般是对电路中可调元器件进行调整,使电路达到预定的功能和性能要求。

测试:主要是对电路的各项技术指标和功能进行测量和试验,并同设计的性能指标进行比较,以确定电路是否合格。

2. 调试的目的

调试的目的主要有两个:

(1)发现设计的缺陷和安装的错误,并改进与纠正,或提出改进建议。

(2)通过调整电路参数,避免因元器件参数或装配工艺不一致,而造成电路性能的不一致或功能和技术指标达不到设计要求的情况发生,确保产品的各项功能和性能指标均达到设计要求。

3. 调试的内容和步骤

调试的过程分为通电前的检查和通电调试两个阶段。

通常在通电调试前,先做通电前的检查,在没有发现异常现象后再做通电调试。

1)通电前的检查

(1)用万用表的"Ω"档,测量电源的正、负极之间的正、反向电阻值,以判断是否存在严重的短路现象。电源线、地线是否接触可靠。

(2)元器件的型号(参数)是否有误、引脚之间有无短路现象。有极性的元器件,其极性或方向是否正确。

(3)连接导线有无接错、漏接、断线等现象。

(4)电路板各焊接点有无漏焊、桥接短路等。

2)通电调试

通电调试一般包括通电观察、静态调试和动态调试等几方面。调试的步骤为先通电观察,然后进行静态调试,最后进行动态调试。

对于较复杂的电路调试,通常采用先分块调试,然后进行总调试的办法;有时还要进行静态和动态的反复交替调试,才能达到设计要求。

3)整机调试

整机调试是在单元部件调试的基础上进行的。各单元部件的综合调试合格后,装配成整机或系统。

整机调试的过程包括:外观检查、结构调试、通电检查、电源调试、整机统调、整机技术指标综合测试及例行试验等。

知识二　调试工艺文件

一、调试方案的制定

调试方案是指制订出一套适合某一类电子产品调试的内容及做法,使调试工作进行顺利并能取得良好的效果。它应包括以下基本内容:

①调试内容应根据国家或企业颁布的标准,及待测产品的等级规格具体拟定。

②测试设备(包括各种测量仪器、工具、专用测试设备等)的选用。

③调试方法及具体步骤。

④测试条件与有关注意事项。

⑤调试安全操作规程。

⑥调试所需要的数据资料及记录表格。

⑦调试所需要的工时定额。

⑧测试责任者的签署及交接手续。

以上所有的内容都应在有关的工艺文件及表格中反映出来。

二、制订调试方案的基本原则

①根据产品的规格、等级及商品的主要走向,确定调试的项目及主要的性能指标。

②要深刻理解该产品的工作原理及性能指标的基础上,着重了解电路中影响产品性能的关键元器件及部件的作用,参数及允许变动的范围,这样不仅可以保证调试的重点,还可提高调试的工作的效率。

③考虑好各个部件本身的调整及相互之间的配合,尤其是各个部分的配合,因为这往往影响到整机性能的实现。

④调试样机时,要考虑到批量生产时的情况及要求,即要保证产品性能指标在规定范围内的一致性,不然的话,要影响到产品的合格率及可靠性。

⑤要考虑到现有的设备及条件,使调试方法、步骤合理可行,使操作者安全方便。

⑥尽量采用先进的工艺技术,以提高生产效率及产品质量。

⑦在调试过程中,不要放过任何不正常现象,及时分析总结,采取新的措施予以改进提高,为新的调试工艺提供宝贵的经验与数据。

⑧调试方案的制订,要求调试内容订得越具体越好;测试条件要写得仔细清楚;调试步骤应有条理性;测试数据尽量表格化,便于观察了解及综合分析;安全操作规程的内容要具体,要求明确。

三、调试工艺文件的编制

调试工艺文件编制得是否合理,直接影响到电子产品调试工作效率的高低和质量的好坏。因此,事先制定一套完整、合理、经济、切实可行的调试方案是非常必要的。不同的电子产品有不同的调试工艺,但总的编制原则相同,这就是既要先进合理,又要切实可行。

1. 编制调试工艺文件的基本原则

①根据产品的规格、等级、使用范围和环境,确定调试的项目及主要性能指标。

②在系统理解和掌握产品性能指标要求和工作原理的基础上,确定调试的重点、具体方法和步骤。调试方法要简单、经济、可行和便于操作;调试内容要具体、细致;调试步骤应具有条理性;测试条件要详细、清楚;测试数据要尽量表格化,便于查看和综合分析。

③充分考虑各个元器件之间、电路前后级之间、部件之间等的相互牵连和影响。

④要考虑到现有的设备条件、调试人员的技术水平,使调试方法、步骤合理可行,操作安全方便。

⑤尽量采用新技术、新元器件(如免调试元器件、部件等)、新工艺,以提高生产效率及产品质量。

⑥调试工艺文件应在样机调试的基础上制定,既要保证产品性能指标的要求,又要考虑现有工艺装备条件和批量生产时的实际情况。

⑦充分考虑调试工艺的合理性、经济性和高效率,保证调试工作顺利进行,提高可靠性。

2. 调试工艺文件的基本内容

调试工艺文件是工艺设计人员为某一电子产品的生产而制定的一套调试内容和步骤,它是调试人员着手工作的技术依据。调试内容都应在调试工艺指导卡中反映出来,调试工艺文件一般包括以下内容。

①根据国际、国家或行业颁布的标准以及待测产品的等级规格具体拟定的调试内容。

②调试所需的各种测量仪器仪表、工具等。

③调试方法及具体步骤。

④调试所需的数据资料及图表。

⑤调试接线图和相关资料。

⑥调试条件与有关注意事项。

⑦调试工序的安排及所需人数。

⑧调试安全操作规程。

任务实施

1. 任务实施条件

(1)电子产品原理图一份。

(2)电子产品相关技术资料一份。

2. 任务实施过程

(1)分析电子产品技术参数和指标要求。

(2)确定电子产品调试内容和步骤。

(3)编制调试工艺文件,如表 4.1,为下一步调试做好准备。

3.考核评分标准

项目内容	配分	考核内容及评分标准	
调试工艺编制	80	(1)工具及仪表使用不当,每次扣5分 (2)印制电路板调试工艺编制不合理,扣10分 (3)文件格式不正确,扣10分	
学习态度及职业道德	20		
安全文明生产		违反安全文明操作规程 扣10~60分	
定额时间		2课时,训练不得超时,每超5分钟(不足5分按5分计)扣5分	
备注		除定额时间外,各项内容最高扣分不超过配分数。	成绩评定:

表 4.1　调试工艺卡片

××××公司	调试工艺卡片		产品型号		工艺文件编号				共　页
			产品名称		工艺文件名称			调试工艺	第　页

工序名称

附图：

	所需设备					辅助材料及工具		
序号	设备名称	规格型号	数量			名称及规格		数量
1								
2								

序号	工序（步）内容及要求
1	
2	
3	
4	
5	

注意事项：

	编制（日期）	审核（日期）	会签（日期）	审定（日期）
标记	处数	更改文件号	签名	日期

任务 4 - 2　电子产品调试和检修

任务描述

将已装配完成的电子产品,按照调试工艺的内容、步骤进行调试,并对调试过程中发现的故障进行排除。

任务相关知识

知识一　电子产品调试

一、调试前的准备工作

在电子产品调试之前,应做好调试之前的准备工作,如场地布置、测试仪器仪表的合理选择、制定调试方案、对整机或单元部件进行外观检查等。

二、调试设备配置

常规的电子产品调试可配置下列仪器设备:

①信号源。

②万用表——指针式和数字式。

③示波器——模拟式和数字式。

④可调稳压电源。

⑤其他:扫描仪、频谱分析仪、集中参数测试仪等。

⑥调试工具。

三、电子产品的调整

1.电路静态工作点的调整

1)晶体管静态工作点的调整

调整晶体管的静态工作点就是调整它的偏置电阻(通常调上偏电阻),使它的集电极电流达到电路设计要求的数值。调整一般是从最后一级开始,逐级往前进行。调试时要注意静态工作点的调整应在无信号输入时进行,特别是变频级,为避免产生误差,可采取临时短路振荡的措施,例如,将双连中的振荡连短路,或调到无台的位置。

各级调整完毕后,接通所有的各级的集电极电流检测点,即可用电流表检查整机静态电流。

2)集成电路静态的调整

由于集成电路本身的结构特点,其"静态工作点"与晶体管不同,集成电路能否正常工作,一般看其各脚对地电压是否正确。因此只要测量各脚对地电压值与正常数值进行比较,就可判断其"工作点"是否正常。但有时还需对整个集成块的功耗进行测试,除能判断其能正常工作外,还能避免可能造成电路元器件的损坏。测试的方法是将电流表接入供电电路中,测量电流值,计算出耗散功率,若集成块用正负电源供电,则应分别进行测量,得出总的耗散功率。

对于数字集成电路往往还要测量其输出电平的大小。

2. 动态特性调整

1)波形的观察与测试

波形的观测是电子产品调试工作的一项重要内容。各种整机电路中都有波形的产生、变换和传输的电路。通过对波形的观测来判断电路工作是否正常,已成为测试与维修中的主要方法。观察波形使用的仪器是示波器。通常观测的波形是电压波形,有时为了观察电流波形,可采用电阻变换成电压或使用电流探头。

利用示波器进行调试的基本方法,是通过观测各级电路的输入端和输出端或某些点的信号波形,来确定各级电路工作是否正常。若电路对信号变换处理不符合设计要求,则说明电路某些参数不对或电路出现某些故障。应根据机器和具体情况,逐级或逐点进行调整,使其符合预定的设计要求。

2)频率特性的测量

频率特性的测量,一般有两种方法:一是点频法(又称插点法),二是扫频法。

①点频法。测试时需保持输入电压不变,逐点改变信号发生器的频率,并记录各点对应的输出幅度的数值。在直角坐标平面描绘出的幅度——频率曲线,就是被测网络的频率特性。点频法的优点是准确度高,缺点是繁琐费时,而且可能因频率间隔不够密,而漏掉被测频率中的某些细节。

②扫频法。这种方法是利用扫频信号发生器来实现频率特性的自动或半自动测试。因为发生器的输出频率是连续变化的,因此,扫频法简捷、快速,而且不会漏掉被测频率特性的细节。但是,用扫频法测出的动态特性相对于点频法测出的静态特性来讲是存在误差的,因而测量不够准确。用扫频法测频率特性的仪器是"频率特性扫频仪",简称扫频仪。

3)瞬态过程的观测

在分析和调整电路时,在有些情况下,为了观测脉冲信号通过电路后的畸变,就会感到应用测量其特性的方法有些繁琐,不够直观。而采用观测电路的过渡特性(瞬态过程),则比较直观,而且能直接观察到输出信号的形状,适合于电路调整。

四、电子产品的测试方法

1. 观察法

在不通电的情况下,仪器设备的面板上的开关、旋钮、刻度盘、插口、接线柱、探测器、指示电表和显示装置、电源插线、熔丝管插塞等都可以用观察法来判断有无故障。对仪器的内部元器件、零部件、插座、电路连线、电源变压器、排气风扇等也可以用观察法来判断有无故障。观察元件有无烧焦、变色、漏液、发霉、击穿、松脱、开焊、短线等现象,一经发现,应立即予以排除,通常就能修复设备。

2. 测量电阻法

在设备不通电的情况下,利用万用表的电阻档对设备进行检查,是确定故障范围和确定元件是否损坏的重要方法。

对电路中的晶体管、场效应管、电解电容器、插件、开关、电阻器、印制电路板的铜箔、连线都可以用测量电阻法进行判断。在维修时,先采用"测量电阻法",对有疑问的电路元器件进行电阻检测,可以直接发现损坏和变值的元件,对元件和导线虚焊等故障也是一个有效的方法。

采用"测量电阻法"时,可以用万用表的 R×1 挡检测通路电阻,必要时应将被测点用小刀刮干净后再进行检测,以防止因接触电阻过大造成错误判断。

3. 测量电压法

测量电压法是通过测量被修仪器设备的各部分电压,与设备正常运行时的电压值进行对照,找出故障所在部位的一种方法。

检查电子设备的交流供电电源电压和内部的直流电源电压是否正常,是分析故障原因的基础,所以在检修电子仪器设备时,应先测量电源电压,往往会在此处发现问题,查出故障。

对于已确定电路故障的部位,也需要进一步测量该电路中的晶体管、集成电路等各引脚的工作电压,或测量电路中主要节点的电压,看数据是否正常,这对于发现故障和分析故障原因均极有帮助。因此,当被修仪器设备的技术说明书中,附有电路工作电压数据表、电子器件的引脚对地电压值、电路上重要节点的电压值等维修资料时,应先采用测量电压法进行检测。

对于电路中电流的测量,也通常采用测量被测电流所流过的电阻器的两端电压,然后借助欧姆定律进行间接推算。

4. 替代法

替代法又称为试换法,是对可疑的元器件、部件、插板、插件乃至半台机器,采用同类型的部件通过替换来查找故障的方法。

在检修电子仪器设备时,如果怀疑某个元件有问题但又不能通过检测给出明确的判断,就可以使用与被怀疑器件同型号的元器件,暂时替代有疑问的元器件。若设备的故障现象消失,说明被替代元件有问题。若替换的是某一个部件或某一块电路板,则需要再进一步检查,以确定故障的原因和元件。替换法对于缩小检测范围和确定元件的好坏很有效果,特别是对于结构复杂的电子仪器设备进行检查时最为有效。

替换法在下列条件下适用:①有备份件;②有同类型的仪器设备;③有与机内结构完全一样的零部件。用替代法检查的直接目的在于缩小故障部位的范围,也可以立即确定有故障的元件。

在进行器件替代后,若故障现象仍然存在,说明被替代的元器件或单元部件没有问题,这也是确定某个元件或某个部件是好的一种方法。

在进行替代元件的过程中,要切断仪器设备的电源,严禁带电进行操作。

5. 波形观察法

对于直流状态正常而交流状态不正常的电子设备,可以用示波器来直接观察被测量点的交流信号波形的形状、幅度和周期,以此来判断电路中各元器件是否损坏和变质。

用电压测量法只能检测电路的静态是否正常,而波形法则能检查电路的动态功能是否正常。用波形法检查振荡电路时不需外加任何信号,而检查放大、整形、变频、调制、检波等有源电路时,则需要把信号源的标准信号馈至电路的输入端。用波形法在检查多级放大器的增益下降、波形失真和检查振荡电路、变频电路、调制电路、检波电路以及脉冲数字电路时是经常采用的一种有效方法。

扫频仪是一种将信号发生器与示波器相结合的测试仪器,用扫频仪可直观地观测到被测电路的频率特性曲线,是调整电路使之频率特性符合规定要求常用的仪器。用扫频仪来观察频率特性也可以归纳为波形法。扫频仪除了可测电路的频率特性外,还可测量电路的增益,是视频设备维修中最重要的常用仪器。

6. 信号注入法

信号注入法是将各种信号逐步注入仪器设备可能存在故障的有关电路中,然后利用自身的指示器或外接示波器和电压表等仪器设备,测出输出的波形或数据,从而判断各级电路是否正常的一种检查方法。

用信号注入法检测故障时有两种检查方法:

一种方法是顺向寻找法,即把电信号加在电路的输入端,然后再利用示波器或电压表测量各级电路的输出波形和输出电压,从而判断出故障部位。

另一种方法是逆向检查法,就是利用被修电子仪器设备的终端指示器或者把示波器、电压表接在输出端,然后自电路的末级向前逐级加电信号,从而查出故障部位。

在检查故障的过程中,有时只用一种方法不能解决问题,要根据具体情况采用不同的方法交替使用。无论采用哪种方法,都应遵循以下的顺序原则:先外后内、先粗后细、先易后难、先常见后稀少。

知识二　电子产品故障排除

一、调试过程中的故障特点和故障现象

1. 故障特点

调试过程所遇到的故障以焊接和装配故障为主;一般都是机内故障,基本上不出现机外及使用不当造成的人为故障,更不会有元器件老化故障。

对于新产品样机,可能存在特有的设计缺陷或元器件参数不合理的故障。

2. 故障现象

整机调试过程中,故障多出现在元器件、线路和装配工艺等三方面,常见的故障有:

(1)焊接故障。如漏焊、虚焊、错焊、桥接等故障现象。

(2)装配故障。如机械安装位置不当、错位、卡死,电气连线错误、遗漏、断线等。

(3)元器件安装错误。

(4)元器件失效。如集成电路损坏、三极管击穿或元器件参数达不到要求等。

(5)连接导线的故障。如导线错焊、漏焊,导线烫伤,多股芯线部分折断等。

(6)样机特有的故障。电路设计不当或元器件参数不合理造成电路达不到设计要求的故障。

二、调试过程中的故障处理步骤

故障处理一般可分为以下四个步骤:先观察故障现象,然后进行测试分析、判断出故障位置,再进行故障的排除,最后是电路功能与性能检验等。

1. 观察

首先对被检查电路表面状况进行直接观察,可在不通电和通电两种情况下进行。

对于不能正常工作的电路,应在不通电情况下观察被检修电路的表面,也可借助万用表进行检查。可能会发现变压器、电阻烧焦,晶体管断极、电容器漏油、元器件脱焊、插件接触不良或断线等现象。

若在不通电观察时未发现问题,则可进行通电观察。采取看、听、摸、摇的方法进行查找。

看:电路有无打火、冒烟、放电现象;

听:有无爆破声、打火声、闻有无焦味、放电臭氧味;

摸:集成块、晶体管、电阻、变压器等有无过热表现;

摇:电路板、接插件或元器件等有无接触不良表现等。若有异常现象,应记住故障点并马上关断电源。

2. 测试分析与判断故障

通过观察可能直接找出一些故障点,但许多故障点的表面现象下面可能隐藏着深一层的原因,必须根据故障现象,结合电路原理进行仔细分析和测试再分析,才能找出故障的根本原因和真正的故障点。

3. 排除故障

排除故障不能只求功能恢复,还要求全部的性能都达到技术要求;更不能不加分析,不把故障的根源找出来,而盲目更换元器件,只排除表面的故障,不完全彻底地排除故障,使产品隐藏着故障出厂。

4. 功能和性能检验

故障排除后,一定要对其各项功能和性能进行全部的检验。

调试和检验的项目和要求与新装配出的产品相同,不能认为有些项目检修前已经调试和检验过了,不需重调再检。

三、调试过程中的故障查找方法

常用的故障查找方法:

1. 观察法

观察法是通过人体感觉发现电子线路故障的方法。这是一种最简单最安全的方法,也是各种电子设备通用的检测过程的第一步。

观察法可分为静态观察法(不通电观察法)和动态观察法(通电观察法)两种。

2. 测量法

测量法是使用测量仪器测试电路的相关电参数,与产品技术文件提供的参数作比较,判断故障的一种方法。测量法是故障查找中使用最广泛、最有效的方法。

根据测量的电参数特性又可分为电阻法、电压法、电流法、逻辑状态法和波形法。

3. 信号法

信号传输电路,包括信号获取(信号产生),信号处理(信号放大、转换、滤波、隔离等)以及信号执行电路,在现代电子电路中占有很大比例。对这类电路的检测,关健是跟踪信号的传输环节。

信号法在具体应用中,分为信号注入法和信号寻迹法两种形式。

4. 比较法

常用的比较法有整机比较、调整比较、旁路比较及排除比较等四种方法。

5. 替换法

替换法是用规格性能相同的正常元器件、电路或部件,代替电路中被怀疑的相应部分,从而判断故障所在的一种检测方法。是电路调试、检修中最常用、最有效的方法之一。

实际应用中,按替换的对象不同,可有三种方式,即元器件替换法、单元电路替换法、部件替换法。

6. 加热与冷却法

(1)加热法

加热法是用电烙铁对被怀疑的元器件进行加热,使故障提前出现,来判断故障的原因与部位的方法。特别适合于刚开机工作正常,需工作一段时间后才出现故障的整机检修。

(2)冷却法

冷却法与加热法相反,是用酒精对被怀疑的元器件进行冷却降温,使故障消失,来判断故障的原因与部位的方法。特别适合于刚开机工作正常,只需工作很短一段时间(几十秒或几分钟)就出现故障的整机检修。

7. 计算机智能自动检测

利用计算机强大的数据处理能力并结合现代传感器技术完成对电路的自动检测方法。目前常见的计算机检测方法:

(1)开机自检。

(2)检测诊断程序。

(3)智能监测。

任务实施

1. 任务实施条件

(1)调试工艺文件一份。

(2)调试仪器设备一套。

(3)装配好电子产品一份。

2. 任务实施过程

(1)仔细分析领会调试工艺文件内容。

(2)按照调试工艺文件制定的内容、步骤要求,对电子产品进行调试。

(3)对在调试过程中发现的故障进行排除。

3. 考核评分标准

项目内容	配分	考核内容及评分标准	
电子产品调试和检修	80	(1)工具及仪表使用不当,每次扣5分。 (2)不按工艺规定进行调试,扣20分。 (3)不能排除故障的,扣10分。	
学习态度及职业道德	20		
安全文明生产	违反安全文明操作规程 扣10~60分		
定额时间	2课时,训练不得超时,每超5分钟(不足5分按5分计)扣5分		
备注	除定额时间外,各项内容最高扣分不超过配分数。		成绩评定:

习题四

4.1 电子产品为什么要进行调试?调试工作的主要内容是什么?

4.2 整机产品调试的一般工艺流程是什么?

4.3 静态观察法和动态观察法所观察的内容有哪些?

4.4 信号注入法与信号寻迹法最大的区别是什么?适用场合有何不同?

4.5 替换法有哪三种方式?计算机的硬件检修常采用哪种方式?

4.6 简述整机调试过程中的故障处理步骤。

4.7 电子产品故障的查找,常采用什么方法?

4.8 参观电子整机生产厂调试工位,并在教师的指导下编写生产工艺文件。

项目五　电子产品检验

项目要求

通过对电子产品的检验,让学生学会检验工艺文件的编制,并能按工艺要求对产品进行检验和老化。

学习目标

知识目标

1.掌握电子产品检验工艺要求和规范。

2.掌握电子产品检验内容和要求。

3.掌握电子产品老化的意义。

4.掌握电子产品性能指标的意义。

技能目标

1.能准确编制检验工艺。

2.能准确选择和使用检验设备和仪器。

3.基本学会专用检验设备的设计和制作。

4.能准确测试电子产品的性能指标。

5.学会电子产品老化的方法。

素质目标

1.养成细心、踏实的工作作风。

2.培养团队合作的工作意识。

3.培养解决实际问题的能力。

4.培养较强的工作责任心和岗位意识。

任务 5-1　电子产品检验工艺编制

任务描述

在对已调试完成的电子产品进行检验之前,制订产品检验的内容、步骤和方法,编制出检验工艺文件。

任务相关知识

检验是利用一定的手段测定出产品的质量特征,并与国标、部标、企业标准等公认的质量标准进行比较,然后做出产品是否合格的判定。

知识一　检验的概念和分类

产品检验是现代电子企业生产中必不可少的质量监控手段,主要起到对产品生产的过程控制、质量把关、判定产品的合格性等作用。

产品的检验应执行自检、互检和专职检验相结合的"三检"制度。

1.检验的概念

检验是通过观察和判断,适当结合测量、试验对电子产品进行的符合性评价。整机检验就是按整机技术要求规定的内容进行观察、测量、试验,并将得到的结果与规定的要求进行比较,以确定整机各项指标的合格情况。

2.检验的分类

整机产品的检验过程分为全检和抽检。

(1)全检。是指对所有产品100%进行逐个检验。根据检验结果对被检的单件产品作出合格与否的判定。全检的主要优点是,能够最大限度地减少产品的不合格率。

(2)抽检。是从交验批中抽出部分样品进行检验,根据检验结果,判定整批产品的质量水平,从而得出该产品是否合格的结论。

3.检验的过程

检验一般可分为三个阶段:

(1)装配器材的检验。主要指元器件、零部件、外协件及材料等入库前的检验。一般采取抽检的检验方式。

(2)过程检验。是对生产过程中的一个或多个工序,或对半成品、成品的检验,主要包括焊接检验、单元电路板调试检验、整机组装后系统联调检验等。过程检验一般采取全检的检验方式。

(3)电子产品的整机检验。整机检验采取多级、多重复检的方式进行。一般入库采取全检,出库多采取抽检的方式。

知识二　电子产品的检验项目

一、电子产品的检验项目

(1)性能。性能指产品满足使用目的所具备的技术特性,包括产品的使用性能、机械性能、理化性能、外观要求等。

(2)可靠性。可靠性指产品在规定的时间内和规定的条件下完成工作任务的性能,包括产品的平均寿命、失效率、平均维修时间间隔等。

(3)安全性。安全性指产品在操作、使用过程中保证安全的程度。

(4)适应性。适应性指产品对自然环境条件表现出来的适应能力,如对温度、湿度、酸碱度等的反应。

(5)经济性。经济性指产品的成本和维持正常工作的消耗费用等。

(6)时间性。时间性指产品进入市场的适时性和售后及时提供技术支持和维修服务等。

二、外观检验

外观检验是指用视查法对整机的外观、包装、附件等进行检验的过程。

(1)观：要求外观无损伤、无污染，标志清晰；机械装配符合技术要求。

(2)装：要求包装完好无损伤、无污染；各标志清晰完好。

(3)件：附件、连接件等齐全、完好且符合要求。

三、性能检验

是指对整机的电气性能、安全性能和机械性能等方面进行测试检查。

1. 电气性能检验

对整机的各项电气性能参数进行测试，并将测试的结果与规定的参数比较，从而确定被检整机是否合格。

2. 安全性能检验

主要包括：电涌试验、湿热处理、绝缘电阻和抗电强度等。安检应该采用全检的方式。

3. 机械性能进行测试

主要包括：面板操作机构及旋钮按键等操作的灵活性、可靠性，整机机械结构及零部件的安装紧固性。

任务实施

1. 任务实施条件

(1)电子产品一台。

(2)产品检验相关标准一套。

2. 任务实施过程

(1)仔细分析产品设计要求，确定产品检验方案。

(2)编制产品检验工艺文件，如表5.1。

(3)撰写实训报告。

3. 考核评分标准

项目内容	配分	考核内容及评分标准	
检验工艺编制	80	(1)工具及仪表使用不当，每次扣5分。 (2)检验工艺编制不合理，扣10分。 (3)文件格式不正确，扣10分。	
学习态度及职业道德	20		
安全文明生产		违反安全文明操作规程 扣10~60分	
定额时间		1课时，训练不得超时，每超5分钟(不足5分按5分计)扣5分	
备注		除定额时间外，各项内容最高扣分不超过配分数。	成绩评定：

表 5.1　检验工艺卡片

××××公司		检验工艺卡片		工艺文件编号			共　页
				工艺文件名称			第　页
产品型号							
产品名称							
工序名称							
附图:							

所需设备

序号	设备名称	规格型号	数量
1			
2			

辅助材料及工具

名称及规格	数量

工序(步)内容及要求

序号	
1	
2	
3	
4	
5	

注意事项:

编制(日期)	审核(日期)	会签(日期)	审定(日期)

标记	处数	更改文件号	签名	日期

139

任务 5 - 2 电子产品检验和老化

任务描述

根据检验工艺文件及电子产品的具体要求,对该电子产品进行各种检验,并进行必要的老化试验。

任务相关知识

知识一 电子产品检验

一、检验设备和仪器

在电子产品生产企业中,电子测量仪器和设备是产品检验和试验必不可少的工具。为了准确得到对产品的各项性能参数的测试结果与标准或技术要求的符合性规定,就必须具备功能齐备的、满足测量精度 要求的检验仪器。

通常,检验仪器可以分为两类:一类是通用测量仪器,它有较宽的适用范围、较强的通用性,能对不同产品的一项或多项电性能参数进行测量,例如电压表、多用表(万用表)、示波器等;另一类是专用测量仪器,它能对一个或几个产品进行一项或多项电性能参数测试。一般电子测量仪器都具有一种或几种测试功能,要完成电子产品的某一项性能指标的测试,有时还需要用多台测量仪器组成测试系统。

测量仪器的精度,是确保测试结果准确性和有效性的重要保证。所以,生产企业在配备测量仪器时要结合企业的自身情况、产品性能、标准和技术条件的要求进行选择。应当按照国家规定的计量检定周期和规程,对测量仪器进行定期的计量检定,以确保测量数据的准确性。

1. 电子产品常用测量仪器和设备

(1)电性能测量仪器和设备

电性能测量仪器和设备主要有:电流表、电压表、欧姆表、功率计、示波器、低频信号发生器、高频信号发生器、失真仪、频率计、频谱分析仪等。

(2)安全性能测量仪器和设备

安全性能测量仪器和设备主要有:耐压测量仪、兆欧表、接地电阻测量仪、泄漏电流测量仪等。

2. 仪器设备的使用要求

在使用电子仪器和设备前,检验人员应该仔细阅读测量仪器的使用和操作说明书,掌握测量仪器的各项功能及使用方法,严格按照规定的测试范围、测试精度、操作程序和步骤、环境条件等要求使用,要注意以下几点:

(1)在标准规定的温度、湿度、大气压等环境条件下使用测量仪。

(2)摆放测量仪器,应该便于操作和观察,并确保其安全和稳定。

(3)测量仪器的测量范围及精度等,应符合检验标准的要求。

(4)测量仪器应定期进行计量检定或校准,测量仪器的准确度、误差应符合检定规程及国家对计量仪器的要求。

(5)在检测开始前和完成后,应该分别检查测量仪器的工作是否正常,以便当测量仪器失效时,及时追回被测样品并及时维修和校准。

二、入库前的检验

入库前的检验是保证产品质量可靠性的重要前提。产品生产所需的原材料、元器件等,在新购、包装、存放、运输过程中可能会出现变质和损坏或者本身就是不合格品,因此,这些物品在入库前应按产品技术条件、协议等进行外观检验,检验合格后方可入库。对判为不合格的物品则不能使用,并要进行隔离,以免混料。

另外,有些元器件比如晶体管、集成电路以及部分阻容元件等,在装接前还要进行老化筛选。

三、生产过程中的检验

生产过程中的检验指对生产过程中的各道工序进行检验,采用操作人员自检、生产班组互检和专职人员检验相结合的方式进行。

自检就是操作人员根据本工序工艺指导卡的要求,对自己所组装的元器件、零部件的装接质量进行检查,对不合格的部件进行及时调整和更换,避免流入下道工序。

互检就是下道工序对上道工序的检验。操作人员在进行本工序操作前,检查前道工序的装调质量是否符合要求,对有质量问题的部件及时反馈给前道工序,不能在不合格部件上进行本工序的操作。

专职检验一般为部件、整机装配与调试完成的后道工序进行。检验时根据检验标准,对部件、整机生产过程中各装调工序的质量进行综合检查。检验标准一般以文字、图纸形式表达,对一些不方便使用文字、图纸表达的缺陷,应使用实物建立标准样品作为检验依据。

四、整机检验

整机检验是产品经过总装、调试合格之后,检查产品是否达到预定功能要求和技术指标。整机检验主要包括直观检验、功能检验和主要性能指标测试等内容。

直观检验的内容有:产品是否整洁;板面、机壳表面的涂覆层及装饰件、标志、铭牌等是否齐全,有无损伤;产品的各种连接装置是否完好;各金属件有无锈斑;结构件有无变形、断裂;表面丝印、字迹是否完整、清晰;量程是否符合要求;转动机构是否灵活;控制开关是否到位等。

功能检验是对产品设计所要求的各项功能进行检查。不同的产品有不同的检验内容和要求,例如对电视机应检验节目选择、图像质量、亮度、颜色、伴音等功能。

主要性能指标测试指通过使用符合规定精度的仪器和设备,查看产品的技术指标,判断产品是否达到国家或行业标准。现行国家标准规定了各种电子产品的基本参数及测量方法,检验中一般只对其主要性能指标进行测试。

五、电子产品的样品试验

试验是为了全面了解产品的特殊性能,对于定型产品或长期生产的产品所进行的例行验证。为了能如实反映产品质量,试验的样品机应在检验合格的整机中随机抽取。试验包括环境试验和寿命试验。

（1）环境试验

环境试验是一种检验产品适应环境能力的方法，是评价、分析环境对产品性能影响的试验，通常在模拟产品可能遇到的各种自然条件下进行。环境试验的内容包括机械试验、气候试验、运输试验和特殊试验。

机械试验包括振动试验、冲击试验、离心加速度试验等项目。

气候试验包括高温试验、低温试验、温度循环试验、潮湿试验和低气压试验等项目。

运输试验是检验产品对包装、储存、运输环境条件的适应能力。

特殊试验是检查产品适应特殊工作环境的能力，包括烟雾试验、防尘试验、抗霉菌试验和抗辐射试验等。

（2）寿命试验

寿命试验是考察产品寿命规律性的试验，是产品最后阶段的试验。是在规定条件下，模拟产品实际工作状态和储存状态，投入一定样品进行的试验。试验中要记录样品失效的时间，并对这些失效时间进行统计分析，以评估产品的可靠性、失效率、平均寿命等可靠性数量特征。

知识二　整机产品的老化

为保证电子整机产品的生产质量，通常在装配、调试、检验完成之后，还要进行整机的通电老化。所谓的整机产品老化，就是在一定环境前提条件下，让整机产品连续工作若干个小时，然后再检测产品的性能是否仍符合要求。通过老化可发现产品在制造过程中存在的潜在缺陷，把故障（早期失效）消灭在出厂之前。

老化是企业的常规工序，通常每一件产品在出厂以前都要经过老化。

1. 老化条件的确定

电子整机产品的老化，全部在接通电源的情况下进行。老化的主要条件是时间和温度，根据不同情况，通常可以在室温下选择 8h、24h、48h、72h 或 168h 的连续老化时间。有时也采取提高室内温度（密封老化室，让产品自身的工作热量不容易散发，或者增加电热器），甚至把产品放入恒温的试验箱的办法，缩短老化时间。

在老化时，应该密切注意产品的工作状态，如果发现个别产品出现异常情况，要立即使它退出通电老化，并送交检修部门。

2. 静态老化和动态老化

在老化电子整机产品的时候，如果只接通电源、没有给产品注入信号，这种状态叫做静态老化。如果同时还向产品输入工作信号，就叫做动态老化。以电视机为例，静态老化时显像管上只有光栅，而动态老化时从天线输入端送入信号，屏幕上显示图像，喇叭里发出声音。又如，计算机在静态老化时只接通电源，不运行程序，而动态老化时要持续运行测试程序。显而易见，与静态老化相比，动态老化更为有效。

任务实施

1. 任务实施条件

（1）检验工艺文件一份。

（2）电子产品一台。

（3）检验仪器和设备一套。

（4）老化设备一套。

2. 任务实施过程

（1）按照检验工艺的内容、步骤进行电子产品的检验和试验。

（2）对电子产品进行老化。

（3）记录检验、试验和老化过程中的数据，并撰写检验报告。

3. 考核评分标准

项目内容	配分	考核内容及评分标准
电子产品检验和老化	80	（1）工具及仪表使用不当，每次扣5分。 （2）检验方法不当，扣10分。 （3）试验方法不当，扣10分。 （4）老化方法不当，扣10分。
学习态度及职业道德	20	
安全文明生产		违反安全文明操作规程 扣10～60分
定额时间		2课时，训练不得超时，每超5分钟（不足5分按5分计）扣5分
备注		除定额时间外，各项内容最高扣分不超过配分数。　成绩评定：

习题五

5.1 什么叫产品检验？整机检验工作的主要内容是什么？

5.2 试述环境试验的主要内容和一般程序。

5.3 为什么要进行产品检验？产品检验的"三检原则"是什么？

5.4 什么是全检和抽检？举例说明什么情况下需要全检？什么情况下可以采用抽检？

5.5 影响电子产品使用寿命的因素有哪些？

5.6 整机产品老化的目的是什么？

项目六　电子产品包装入库

项目要求

通过对电子产品的包装和入库,让学生学会产品包装工艺的编制,并按工艺要求对产品进行包装并入库。

学习目标

知识目标

1.掌握电子产品包装的工艺要求和内容。

2.掌握电子产品入库的规范和要求。

技能目标

1.能准确编制包装工艺。

2.能准确包装电子产品。

3.学会电子产品准确入库的流程和方法。

素质目标

1.养成细心、踏实的工作作风。

2.培养解决实际问题的能力。

3.培养较强的工作责任心和岗位意识。

任务 6-1　电子产品包装工艺编制

任务描述

在电子产品包装入库之前,编制产品包装入库工艺文件。

任务相关知识

整机产品经过调试、检验后即可进行打包包装。包装的主要目的是为了方便运输、储存和装卸,它对产品起到一个保护作用,包装还可起到介绍产品、宣传企业的作用。现代企业都非常重视产品的包装,一些著名企业的产品包装都有自己的特色,反映出企业的形象和市场形象。对于进入流通领域中的电子整机产品来说,包装是必不可少的一道工序。

一、包装的种类

产品的包装是产品生产过程中的重要组成部分。进行合理包装是保证产品在流通过程中避免机械物理损伤,确保其质量而采取的必要措施。常见的包装有以下三种:

(1)运输包装。运输包装即产品的外包装,它的主要作用是便于产品的储存和运输。

(2)销售包装。销售包装即产品的内包装,其作用不仅是保护产品,便于消费者使用和携带,而且还要起到美化产品和广告宣传的作用。

(3)中包装。中包装起到计量、分隔和保护产品的作用,是运输包装的组成部分。但也有随同产品一起上货架与消费者见面的,这类中包装则应视为销售包装。

二、包装的原则

包装要符合科学、经济、美观、适销的原则。产品的外包装、内包装和中包装是相互影响、不可分割的一个整体。产品包装有如下原则:

(1)包装是一个体系。它的范围包括原材料的提供、加工、容器制造、辅件供应以及为完成整件包装所涉及的各有关生产、服务部门。

(2)包装是生产经营系统的一个组成部分。

(3)包装既是一门科学,又是一门艺术。

(4)产品是包装的中心,包装要与产品的质量相匹配。

(5)包装具有保护产品、激发购买力、为消费者提供便利三大功能。

(6)经济包装以最低的成本为目的。只有能扩大产品销售的包装成本,才符合经济原则。

(7)包装必须标准化。它可以节约包装费用和运输费用。

(8)产品包装必须根据市场动态和客户的爱好,在变化的环境中不断改进和提高。

三、包装的要求

1. 对电子产品本身的要求

在进行包装前,合格的产品应按照有关规定进行外表面处理,如消除污垢、油脂、指纹、汗渍等。在包装过程中保证机壳、荧光屏、旋钮、装饰件等部分不被损伤或污染。

2. 电子产品的防护要求

合适的包装应能承受合理的堆压和撞击。

合理压缩包装体积。

防尘。

防湿。

缓冲。

3. 电子产品的装箱要求

(1)装箱时应清除包装箱内的异物和尘土。

(2)装入箱内的产品不得倒置。

(3)装入箱内的产品、附件和衬垫以及使用说明书、装箱明细表、装箱单等内装物必须齐全。

(4)装入箱内的产品、附件和衬垫不得在箱内任意移动。

任务实施

1. 任务实施条件

(1)电子产品一台。

(2)产品包装相关标准及规定资料一套。

2. 任务实施过程

(1)分析领会产品包装要求及标准,确定包装的步骤、方法。

(2)编制包装工艺文件,见表 6.1。

3. 考核评分标准

项目内容	配分	考核内容及评分标准	
包装工艺编制	80	(1)工具及仪表使用不当,每次扣 5 分 (2)包装工艺编制不合理,扣 10 分 (3)文件格式不正确,扣 10 分	
学习态度及职业道德	20		
安全文明生产	违反安全文明操作规程 扣 10~60 分		
定额时间	1 课时,训练不得超时,每超 5 分钟(不足 5 分按 5 分计)扣 5 分		
备注	除定额时间外,各项内容最高扣分不超过配分数。		成绩评定:

表 6.1　包装工艺卡片

××××公司	包装工艺卡片	产品型号		工艺文件编号		共　页
		产品名称		工艺文件名称		第　页

工序名称

附图：

所需设备				辅助材料及工具	
序号	设备名称	规格型号	数量	名称及规格	数量
1					
2					

工序（步）内容及要求
序号
1
2
3
4
5

注意事项：

编制（日期）	审核（日期）	会签（日期）	审定（日期）

标记	处数	更改文件号	签名	日期

任务6-2　电子产品包装入库

任务描述

按照包装工艺的要求及步骤,把电子产品规范地进行包装,并入库。

任务相关知识

一、包装材料

包装时应根据包装要求和产品特点,选择合适的包装材料。

1. 木箱

包装木箱一般用于体积大、笨重的机械和机电产品。木箱材料主要有木材、胶合板、纤维板、刨花板等。包装木箱体积大,且受绿色生态环境保护限制,因此已日趋减少使用。

2. 纸箱

包装纸箱一般用于体积较小、质量较轻的家用电器等产品。纸箱有单芯、双芯瓦楞纸板和硬纸板等材料。使用瓦楞纸箱包装轻便牢固、弹性好,与木箱包装相比,其运输、包装费用低,材料利用率高,便于实现现代化包装。

3. 缓冲材料

缓冲材料的选择,应以最经济并能对电子产品提供起码的保护能力为原则。根据流通环境中冲击、振动、静电力等力学条件,宜选择密度为 $20\sim30$ kg/m^3,压缩强度(压缩 50% 时)大于或等于 2.0×10^5 Pa 的聚苯乙烯泡沫塑料做缓冲衬垫材料。衬垫结构一般以成型衬垫结构形式对电子产品进行局部缓冲包装。衬垫结构形式应有助于增强包装箱的抗压性能,有利于保护产品的凸出部分和脆弱部分。

4. 防尘、防湿材料

防尘、防湿材料可以选用物化性能稳定、机械强度大、透湿率小的材料,如有机塑料薄膜、有机塑料袋等密封式或外密封式包装。为了使包装内空气干燥,可以使用硅胶等吸湿干燥剂。

二、包装的装箱

(1)装箱时,应清除包装箱内异物和尘土。

(2)装入箱内的产品不得倒置。

(3)装入箱内的产品、附件和衬垫以及使用说明书、装箱明细表、装箱单等内装物必须齐全,且不得在箱内任意移动。

三、包装的封口和捆扎

当采用纸包装箱时,用 U 型钉或胶带将包装箱下封口封合。当确认产品、衬垫、附件和使用说明书等全部装入箱内,并在相应位置固定后,用 U 型钉或胶带将包装箱的上封口封合。必要时,对包装件选择适用规格的打包带进行捆扎。

四、包装的标志

设计包装标志应注意以下几点。

(1)包装上的标志应与包装箱大小协调一致。

(2)文字标志的书写方式由左到右,由上到下,数字采用阿拉伯数字,汉字用规范字。

(3)标志颜色一般以红、蓝、黑三种颜色为主。

(4)标志方法可以印刷、粘贴、打印等。

(5)标志内容主要包括产品名称及型号、商品名称及注册商标图案、产品主体颜色、包装件重量(kg)、包装件最大外部尺寸(单位为 mm)、内装产品的数量(台等)、出厂日期、生产厂名称、储运标志(向上、怕湿、小心轻放、堆码层数等)等。

五、条形码与防伪标志

1. 条形码

条形码为国际通用产品符号。为了适应计算机管理,在一些产品销售包装上加印供电子扫描用的复合条形码。这种复合条形码各国统一编码,它可使商店的管理人员随时了解商品的销售动态,简化管理手续,节约管理费用。

条形码在 20 世纪 70 年代初起源于美国,最先应用于工业产品外包装,其后逐步推广到日用百货的销售包装上。条形码的应用在我国起步较晚。1991 年 4 月,国际物品编码协会(EAN)正式批准我国成为该协会的会员国。目前我国生产的一些产品的销售包装上已开始应用条形码,并进入国际市场。下面对条形码的结构和内容作简单介绍。

国际市场自 20 世纪 70 年代开始采用两种条形码对商品统一标识:UPC 码(美国通用产品编码)和 EAN 码(国际物品编码)。美国统一编码委员会(UCC)的 UPC 码历史悠久,覆盖北美地区。国际物品编码委员会的 EAN 码起源于 UPC 码,后来居上,其会员已遍布世界多个国家和地区。

条形码的种类较多,如图 6.1 所示,不同的国家和地区,采用不同类型的条形码。

目前,EAN 组织推行的条形码已由单纯的商品条形码发展到包括商品、物流、应用多种条形码在内的 EAN 条形码体系。

EAN 的商品条形码有标准版(EAN—13)和缩短版(EAN—8)两个版本,分别如图 6.1 (a)、(b)所示。其中 EAN—13 为 13 位编码,EAN—8 为 8 位编码。EAN—13 的组成有条形码符号和字符代码两部分。代码结构如下。

①字前缀(2~3 位)。字前缀是国家或地区的独有代码,由 EAN 总部指定分配,如美国为 00~05,日本为 49,中国为 690 等。

②企业代码(4~5 位)。由本国或地区的条形码机构分配,我国由中国物品编码中心统一分配。

③产品代码(5 位)。由生产企业自行分配。

④校验码(1 位)。校验码是检验条形码使用过程中的扫描正误而设置的特殊编码,其数字由上述 3 部分与规定的储运标志确定。

EAN—8 主要用于包装体积小的产品上,字前缀(2~3 位)、产品代码(4~5 位)、校验码(1 位)的内容与 EAN—13 相同。

条形码符号是由一组粗细和间隔不等的条与空所组成,其作用是通过电子扫描,将本产品编码的内容(即产品名称、生产企业、国家或地区、校验码等)同信息库的资料相结合,在销售本产品时,立即计算出价格,同时为销售单位提供必要的进、销、存等营业资料。对整个产品编码而言,条形码符号是它的关键部分,所以在包装上加印条形码时,条形码符号的印刷必须规范化,否则电子扫描时就得不到正确的信息。

(a)EAN-13   (b)EAN-8   (c)UPC-A

(d)UPC-E   (e)Interleave2/5   (f)Cade39

图 6.1   几种条形码图形

2. 防伪标志

许多产品的包装,一旦打开,就再也不能恢复原来的形状,这样可起到防伪的作用。在市场经济中,有极少数不法之徒,肆意生产、销售假冒伪劣产品,从中牟取暴利,所采用的手法就是伪造名优产品。因此,现在许多生产厂家,都广泛采用各种防伪措施,其中利用现代高科技手段防伪——激光防伪标志就是其中之一。

六、电子产品的整机包装工艺

电子产品经整机总装、调试、检验合格后,就进入了最后一道工序——包装。现以生产 29 英寸彩色电视机的流水作业方式为例,说明电子产品的整机包装工艺过程。

1. 包装工艺流程

对于 29 英寸彩色电视机的流水作业方式,需要安排 8 个工位来完成整机的包装操作。在将包装用的纸箱、封箱钉、胶带等准备好后,8 个工位的操作内容如下。

(1)将产品说明书、合格证、维修点地址簿、三联保修卡、用户意见书装入胶袋中,用胶纸封口。

(2)分别将串号条码标签贴在随机卡、后壳和保修卡(两张)上;用透明胶纸把保修卡贴在电视机的后上方;将电源线折弯理好装入胶袋,用透明胶纸封口,摆放在工装板上。

(3)将下包装纸箱成型;用胶纸封贴四个接口边;将其放在送箱的拉体上。

(4)取上包装纸箱;在指定位置贴上串号条形码标签;用印台打印生产日期,整机颜色栏用印章打印。

(5)将上包装纸箱成型;在上部两边用打钉机各打一颗封箱钉;将其放在送箱的拉体上。

（6）将下缓冲垫放入下纸箱内；将胶袋放入纸箱上；自动吊机；将胶袋打开扶整机入箱后，封好胶袋。

（7）将上缓冲垫按左右方向放在电视机上；将配套遥控器放入缓冲垫指定位置，并用胶纸贴牢；将附件袋放入电视机下面，并盖好纸板。

（8）将上纸箱套入包装整机的下纸箱上；将四个提手分别装入纸箱两边指定位置；将箱体送入自动封胶机封胶带。

2. 包装工艺指导卡

在包装工序中，每个工位的操作内容、方法、步骤、注意事项、所用辅助材料、工装设备等都做了详细规定，操作者只需按包装工艺指导卡进行操作即可。

最后，将已包装好的产品搬运到物料区放好，等待入库。

任务实施

1. 任务实施条件

（1）电子产品一台及产品说明书一份。

（2）电子产品包装工艺卡一份。

（3）包装工具一套。

（4）包装材料一套。

2. 任务实施过程

（1）严格按工艺要求进行包装。

（2）将包装完成的产品搬运到指定地点，准备入库。

（3）撰写包装工艺说明。

3. 考核评分标准

项目内容	配分	考核内容及评分标准	
电子产品包装入库	80	（1）工具及设备使用不当，每次扣5分 （2）包装工艺不正确，每处扣5分 （3）搬运放置不正确，扣10分	
学习态度及职业道德	20		
安全文明生产		违反安全文明操作规程 扣10～60分	
定额时间		1课时，训练不得超时，每超5分钟（不足5分按5分计）扣5分	
备注		除定额时间外，各项内容最高扣分不超过配分数。	成绩评定：

习题六

6.1 产品包装的要求有哪些？

6.2 包装上应标明哪些信息？

6.3 条形码与激光防伪标志各自的功能是什么？

6.4 结合生产实际简述包装的一般工艺流程。

附　录

FET 管作单端 A 类输出的耳机放大器

一、电路

图 1 是立体声耳放的右声道电路。主要由一块低噪声运放 IC1(NE5534)和功率场效应管 TR2(IRF540)组成。

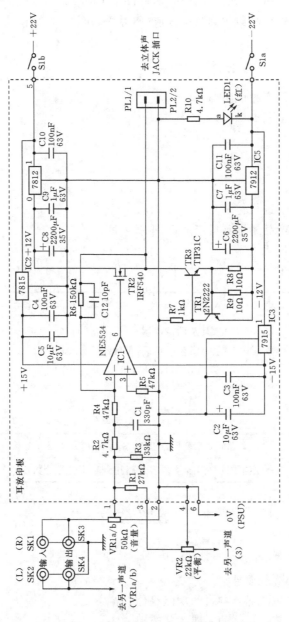

附录-1　耳机放大器右声道放大部分电路

信号从 SK1 输入进入音量电位器 VR1a/b(b 为左声道音量电位器)。SK3 为输入信号的输出插口,专为录音而设。如不准备进行录音,SK3 和 SK4 可省去。

VR1a/b 是同轴双连音量电位器,这里采用阻值呈线性变化的电位器,而不是一般常用的指数型音量电位器。这是因为线性(X)型电位器比指数(Z)型电位器的价格低,而且双连的阻值同步性更容易得到保证。不过,为了使 X 型电位器调节特性接近于 Z 型的特性,电路中特意加入了 R3(33kΩ)。

VR2 是左右声道的平衡电位器。由于现代音源设备(如 CD 唱机)输出的左、右声道信号一致性很好,偏差一般不超过 1dB,甚至更好。所以在 HiFi 前置放大器中几乎都不设平衡控制电位器。对此,可根据自己的听力情况决定。比方说,青年人的左、右两耳听力比较一致,欣赏音乐时可以不设平衡控制。中老年人的双耳听力容易出现偏差,还是建议加入平衡控制,以备不时之需。应该注意,如果省去平衡控制,由于没有 VR2 的并联作用,R3 的阻值应改为 15kΩ。当然,也可以使用高级的音量电位器作为 VR1a/b,此时 R3 就不要使用了。

接着信号进入 R2、C1 构成的低通滤波器,它的 $-3dB$ 截止频率约为 90kHz。整个耳放的高频响应基本上由此滤波器决定的。滤波后的信号进入 IC1 的反相输入端(2 脚)。R4 是 IC1 的输入电阻,它决定了 IC1 的输入阻抗为 47kΩ。它同时还是 IC1 的负反馈电阻,与来自输出端的负反馈电阻 R6 一起决定了整机的电压增益为 3 倍(R6/R4=3)。

IC1 的输出信号加到输出级场效应管 TR2(IRF540)的栅极 G。TR2 接成源极跟随器,电压增益近似为 1,但是它的电流输出能力大,从而弥补了 IC1 输出电流不够大的问题。TR2 的源极接有 TR1 和 TR3 组成的恒流源。其恒流值就是单端 A 类输出管 TR2 的静态电流值。这里恒流源电流设定为 160mA 左右。该电流由 TR3 发射极(也即 TR1 基极)的取样电阻 R8、R9 设定。如果电流增大,TR1 的基极电压上升,其集电极电流 R7 上的压降加大,从而使 TR3 的基极电压下降而使流过 TR3 的电流(即恒流电流或 TR2 的静态电流)减小。因此,TR1 和 TR3 组成的恒流源也叫反馈式恒流源,比一般单管恒流源具有更稳定的恒定电流值。

A 类工作的缺点是静态电流大,因而效率低(约 30%),一个 20W A 类功放的静态电流在 1A 以上,然而作为耳放的 A 类放大,160mA 的静态电流换来没有交越失真的音质,而且 TR2 和 TR3 的静态功耗约 2W,也不需要很大的散热器。看来,从追求良好的音质出发,耳放采用 A 类放大输出是值得推荐的。

从 TR2 的输出源极到 IC1 的输入经 R6 加有负反馈。R6 的大小与耳机的阻抗和输入信号大小有关。耳机阻抗高、输入信号小,可适当增大 R6。不过,R6 过大(即增益过高),可能会引起高频不稳定。为此可与 R6 并联一个 C12,容量取 10pF 足以达到目的,且对高频的频率响应没有什么影响。

IC1 采用 ±15V 电源,TR2 采用 ±12V 电源。前者的电源电压用得比后者高,是为了使后者得到充分的驱动(输出可达 16Vp-p)。A 类放大的供电要求比较高,必须进行充分的滤波和退耦。为此 IC1 和 TR2 的正负供电分别由 4 块稳压 IC(IC2~IC5)进行稳压,并分别采用较大电容量的电容器滤波退耦后供给。其中 C2、C5 尤其是 C3、C4 应尽量靠近 IC1 安装,以尽量降低电源的交流阻抗。

二、指标

本机实验室测试性能主要结果如下:

频率响应为 20Hz～12kHz(±0.05dB)、10Hz～20kHz(±0.3dB)、1 0Hz～90kHz(－3dB)；

最大输出电压为 $7V_{rms}$(300Ω)、$2.2V_{rms}$(24Ω)；

动态余量≥6dB；

信噪比≥90dB；

总谐波失真<0.01％(7Vrms/1kHz)；

输出失调电压<±20mV。

顺便说明,$7V_{rms}$输出相当于在 300 Ω 负载上输出 160 mW,$2.2V_{rms}$则相当于在 24Ω 负载上输出 200 mW。这些输出远远高于一般的聆听电平。

三、制作

该电路右声道的 PCB 及装配图可参考附录-2、附录-3。

附录-1 中的电阻均为 0.5W 1％金属膜电阻。附录-1 中的电容器 C1 为聚丙烯电容,C3、C4、C10、C11 为聚酯电容,C7、C9 为金属化聚酯电容,C12 为树脂陶瓷电容。其余均为电解电容器。

TR1(2N2222)为高频小信号晶体管,TR2(IRF540A)为 N 沟道功率 MOSFET,TR3(TIP31C)为 NPN 大功率管。

注意,TR2、TR3 及其±12V 电源稳压 IC(IC4、IC5)都要加装散热片。4 个器件与散热片之间要垫以散热良好的绝缘垫片,务必保证各器件之间相互绝缘。

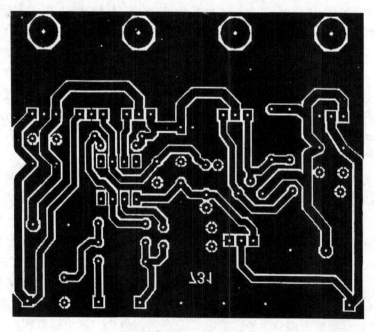

附录-2 PCB 参考图

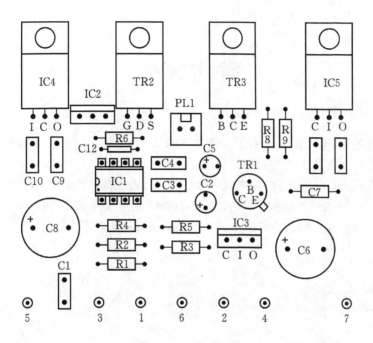

附录-3　装配参考图

为 IC1 供电的稳压 IC（IC2、IC3）无需另加散热片。耳放的总接地点，可安排在输入插座（SK1～SK4）附近的底板处。信号从输入插座到音量电位器、再到耳放印板的导线可以不必使用屏蔽线。实际使用时并不因此而感觉到有噪声和交流声。当然，如果觉得不放心，那么使用屏蔽线也无妨。

四、调试

尽管这是一个小小的耳机放大器，但它还是要采用交流电源供电，因此务必保证使用安全，尤其对电源的安全性检查马虎不得。先检查电源单元，然后检查耳放单元。

首先要检查各处金属本体之间的电阻，应该尽可能小一些，一般应该小于 1Ω。否则应该仔细检查各处接地是否良好。

接下来可通电单独测试电源单元的情况，当其输出不接负载时的输出电压大致应为±25VDC。应该注意，由于该电源输出滤波电容上未装泄放电阻，因此在通电后断开电源开关检查电路时，应该先用 1 kΩ 电阻把 C4 和 C5 上的电荷对地放掉。

耳机单元的检查最好使用实验电源（±5～±24 V，500 mA）进行。耳放接上实验电源通电后，慢慢提高电源电压并监视电源电流（即 TR2 的静态电流）。当电源电压提高到±22 V 时，按设计要求上述电流应为 160mA 左右。不过稍大些也无妨，最大不要超过 320 mA。

以上检查如无问题，可输入 1kHz 信号，用示波器观察输出信号，最大输出可达 $16V_{p-p}$。同时，输出端的 DC 失调电压不大于 20mV。至此，可进行聆听了。

参考文献

[1]廖芳,贾洪波等.电子产品生产工艺与管理[M].北京:电子工业出版社,2007.

[2]杨清学.电子产品组装工艺与设备[M].北京:人民邮电出版社,2008.

[3]王成安,王洪庆.电子元器件检测与识别[M].北京:人民邮电出版社,2009.

[4]何丽梅.SMT——表面组装技术[M].北京:机械工业出版社,2006.

[5]毛文涛.《无线电与电视》杂志合订本[M].上海:上海科学技术出版社,2010.